建筑给水排水设计标准理解与应用

马宗强　主编

中国建筑工业出版社

图书在版编目（CIP）数据

建筑给水排水设计标准理解与应用／马宗强主编
. — 北京：中国建筑工业出版社，2023.9
ISBN 978-7-112-29084-0

Ⅰ.①建… Ⅱ.①马… Ⅲ.①建筑工程-给水工程-
建筑设计-设计标准-研究-中国②建筑工程-排水工程
-建筑设计-设计标准-研究-中国 Ⅳ.①TU82-65

中国国家版本馆 CIP 数据核字（2023）第 161671 号

建筑给水排水设计标准理解与应用

马宗强　主编

*

中国建筑工业出版社出版、发行（北京海淀三里河路 9 号）
各地新华书店、建筑书店经销
北京科地亚盟排版公司制版
北京圣夫亚美印刷有限公司印刷

*

开本：850 毫米×1168 毫米　1/32　印张：4⅝　字数：121 千字
2023 年 10 月第一版　　2023 年 10 月第一次印刷
定价：**20.00** 元
ISBN 978-7-112-29084-0
（41739）

本书共 19 章，分别是：制图须知；通则；给水；热水；室内生活排水；雨水；室外排水；消防给水灭火通则；室外消火栓；室内消火栓；自动喷水灭火系统；生活水泵房、消防水泵房、消防水箱间；系统原理图；气体灭火；灭火器；人防区域设计配合；室外绿化给水；室外水景；海绵城市设计等内容。本书以现行的规范、标准、图集为基础，结合笔者在以往设计过程中积累的经验，用自己的语言针对建筑给水排水设计制图、表达标准，从实用性、可操作性方面给出推荐性做法，有助于提高设计人员工作率。

本书可供给水排水设计人员使用，也可供相关专业及大专院校师生使用。

责任编辑：杜　洁　胡明安
责任校对：芦欣甜
校对整理：孙　莹

前言

本书以现行的规范、标准、图集为基础，结合笔者以往在设计过程中积累的经验，对建筑给水排水设计制图、表达标准，从实用性、可操作性等方面给出推荐性做法，有助于设计人员快速决断，提高效率。书中有做法说明、图示，并注明了诸多数据的出处，便于设计人员直观理解和查阅，Excel 表格可指引设计人员自我编制相关表格，简化繁琐的计算工序。

本书共 19 章，第 1 章制图须知，介绍图面制图、表达标准的一致性等内容，这些内容便于新员工快速掌握制图知识。第 2 章通则，介绍项目开展提资内容的先后顺序、图纸空间布局内绘制给水排水施工图、立管管道中心间距、设备用房荷载推算、阀组占用空间大小等内容。第 3 章给水，介绍给水点服务个数与管径的对应、餐饮区域预留给水管管径、规格、用水量表格等内容。第 4 章热水，介绍食堂餐饮场所太阳能热水系统集热及供热罐容积的优化等内容。第 5 章室内生活排水，介绍住宅管道井排水、排水点服务个数与管径的对应、预留及预埋区域排水管做法、首层重力排水出户管标高确定、住宅空调冷凝水立管设置方式、首层排水沟出户水封做法、潜水泵出水管出户方式、地下空间顶板最小覆土深度推算、集水坑尺寸规定等内容。第 6 章雨水，介绍商业步行街建筑群场地雨水沟设置、屋面溢流口的设置方式等内容。第 7 章室外排水，介绍总图示意单体建筑排水出户管信息、建筑周边室外排水干管及支管布置原则等内容。第 8 章消防给水灭火通则，介绍灭火设置布置原则。第 9 章室外消火栓，介绍室外消防设施布置注意点。第 10 章室内消火栓，介绍消火栓点位布置以及水平环管设置等内容。第 11 章自动喷水灭火系统，介绍直立型喷头布置、配水管与配水支管的布置方式比选、弧形汽车坡道喷头布置方式等内容。第12章生活水泵房、消防水泵房、消防水箱间，介绍吸水及出水管段水平管件组合长度、吸水母管与吸水管沟槽式连接图示、室内消火栓泵组出水管后环管设置、室内外消火栓合用泵组系统出水管后坏管设置及高位消防水箱稳压管衔接环管位置等内容。第13章系统原理图，介绍图面绘制方式及图示等内容。第14章气体灭火，介绍提资要求。第15章灭火器，介绍灭火器布置注意要点。第16章人防区域设计配合，介绍易遗漏点等内容。第17章室外绿化给水，介绍室外洒水栓/人工快速取水器的选用和布置等内容。第18章室外水景，介绍室外水景的布置和材料选用等内容。第19章海绵城市设计，介绍海绵城市设计步骤、计算以及应用的表格。

　　书中介绍的内容只是笔者对标准、规范、图集诸多条文的理解与应用，错漏之处在所难免，敬请读者不吝赐教，以资不断修订、补充与完善。

目录

第1章 制图须知

1.1 过程图、提交图文件命名规则，如：2023.03.05□（空一格）一层给水排水平面图（同图纸目录中图名）2023.03.01（建筑专业提资时间）. dwg。

1.2 图面能用管线、文字等信息表达清楚的，无须提供CAD节点图，或直接引用图集号、页码或页面，力求简洁设计。

1.3 建筑专业提资图纸图面尺寸不精准时，单位格式精度保留个位。

1.4 图纸依据建设方确认过的设计界面绘制，如毛坯交付的商品类住宅，户内给水一般要求预留到厨房处设置阀门即可；安置类住宅，除建设方有交付标准文件外，一般按全部点位设计到位；酒店建筑，建设方明确有二次装修设计，则在土建设计阶段卫生间给水、排水预留到区域即可。

1.5 直饮水净化系统、太阳能热水系统、屋面虹吸雨水系统、自动消防炮灭火系统、气体灭火系统、污废水处理系统、雨水收集处理回用系统、海绵城市设计、绿化自动灌溉系统等专项设计单位深化图纸，土建施工图设计单位应如何审定？

常规操作模式：专项设计单位图签单独出图，或土建施工图设计单位可以配合盖技术章。

如果建设方来函要求土建施工图设计单位配合出图，则图面应注明：专项设计单位已按土建施工图设计单位要求进行深化设计，具体技术问题由专项设计单位负责并作出解释。

1.6 施工单位编制的竣工图纸，土建施工图设计单位应如何配合？

图纸注明：竣工图纸由施工单位提供，为现场实际施工情况，具体由施工单位解释，土建施工图设计单位仅配合出蓝图存档使用。或签署建设方、施工方、设计方三方避责协议。

第2章 通　则

2.1　项目开展顺序。

2.1.1　第一步：编写设计流程的初步计算文件，涉及如下内容：

（1）生活水泵房占用空间、消防水泵房占用空间、消防水池占用空间、消防水池取水口位置、高位消防水箱间占用空间、太阳能集热板占用面积、热水机房占用空间、汽车坡道雨水集水坑尺寸、报警阀间尺寸、油污分离间尺寸、公共管道　尺寸等，提资给建筑专业。

（2）生活水泵组用电量、消防水泵组用电量、稳压水泵组用电量、空压机用电量、空气源热泵用电量、太阳能集热管路循环水泵用电量、空气源热泵换热管路循环水泵用电量、热水系统循环水泵用电量、潜水泵泵组用电量、油污分离器用电量、室内或室外雨水机房用电量等，提资给电气专业。

（3）生活水箱容积及水深、消防水池容积及水深、消防水箱容积及水深、热水集热罐及供热罐容积及高度、油污分离器选型等，荷载提资给结构专业。

（4）依据海绵城市设计要求，测算下沉式绿地面积、透水铺装面积等，提资给总图或风景园林专业。

（5）告知电气专业考虑生活水泵房入侵报警系统、生活变频恒压泵组不间断电源、低位生活水箱进水电动阀以及液位控制仪、生活水箱水位及溢流报警装置、消防泵组消防电源、消防水池水位及溢流报警装置、室内及室外消火栓泵组出水管路压力开关、报警阀组压力开关、报警阀组竖向上下信号阀、消防水泵房及报警阀间及消防电梯集水坑潜水泵消防电源、地下车库集水坑及坡道集水坑潜水泵不间断电源、高位消防水箱进水电动阀及液位控制仪、消防水箱水位及溢流报警装置、消防水箱出水管流量开关数量。

2.1.2 第二步：布置室内消火栓箱点位，提资给建筑、电气专业，其他水流指示器、信号阀等在绘图中再行提资。

如按照《绿色建筑评价标准》GB/T 50378—2019 评分得分以及建设方要求设置生活水表远传计量系统，将水表提资给电气专业。

2.1.3 第三步：按部就班绘制。

2.2 计算数据保留小数点后位数

用水量（m^3）、小时用水量（m^3/h）、水泵扬程（m）、室内给水排水标高等保留小数点后 2 位，排水出户标高保留小数点后 3 位，室外管线长度等保留小数点后 1 位，室外管底标高等保留小数点后 2 位。

2.3 图层

2.3.1 通用（表 2.3-1）。

通 用　　　　　　表 2.3-1

图层名称	绘制内容	颜色	线宽（mm）	线型
0-GPS-立管	给水排水-立管	2/7	0.25	细实线
0-GPS-F	给水排水-标识（阀门、附件、插字）	2/7	0.25	细实线
0-GPS-N	给水排水-说明	31	0.2	细实线
0-GPS-设备	给水排水-设备	2/7	0.25	细实线
0-GPS-基础	给水排水-基础	9/252	0.25	细实线
0-GPS-基础-N	给水排水-基础定位及说明	31	0.2	细实线

注：1. "说明"指文字说明、定位尺寸，"标识"指管件、阀门以及管道上的插字等，"设备"指其他大型给水排水设备。

2. 颜色指 autocad 软件索引颜色代码，建筑背景图按颜色 252 号淡显 75%，填充按颜色 9 号淡显 40%，线宽 0.13mm 出图。

2.3.2 生活给水（表2.3-2）。

生活给水   表2.3-2

图层名称	绘制内容	颜色	线宽（mm）	线型
0-GS-生活市政给水 J1/Gs	给水-生活给水管/生活市政给水管	90/120	0.5/0.6	中实线
0-GS-生活加压给水 J	给水-生活加压给水管	120/90	0.5/0.6	中实线
0-GS-生活加压给水 1 区 J2	给水-生活加压给水管	90/120	0.5/0.6	中实线
0-GS-生活加压给水 2 区 J3	给水-生活加压给水管	120/90	0.5/0.6	中实线
0-GS-生活加压给水 3 区 J4	给水-生活加压给水管	90/120	0.5/0.6	中实线
0-GS-生活转输给水	给水-生活传输给水管	120/90	0.5/0.6	中实线
0-GS-排水（生活水泵房详图）	给水-排水管	40	0.5/0.6	中虚线
0-GS-通气（生活水泵房详图）	给水-通气管	180	0.5/0.6	单点长画线
0-GS-RJ-生活热水	给水-热水给水管	5	0.5/0.6	中实线
0-GS-RH-生活热水回水	给水-热水回水管	4	0.5/0.6	中实线
0-GS-RMJ-热媒给水	给水-热媒给水管	5	0.5/0.6	中实线
0-GS-RMH-热媒回水	给水-热媒回水管	4	0.5/0.6	中实线
0-GS-F	给水-标识（阀门、附件、插字）	2/7	0.25	细实线
0-GS-N	给水-说明	31	0.2	细实线

注：1. "说明"指文字说明、定位尺寸，"标识"指管件、阀门以及管道上的插字等。

2. 颜色指autocad软件索引颜色代码。

2.3.3　排水（表2.3-3）。

排　　水　　　　　　　表 **2.3-3**

图层名称	绘制内容	颜色	线宽 (mm)	线型
0-PS-WS-重力污水	排水-重力污水管	50	0.5/0.6	中虚线
0-PS-WS-压力污水	排水-压力污水管	50	0.5/0.6	中实线
0-PS-FS-重力废水	排水-重力废水管	40	0.5/0.6	中虚线
0-PS-FS-压力废水	排水-压力废水管	40	0.5/0.6	中实线
0-PS-FS-实验废水	排水-实验废水管	40	0.5/0.6	中虚线
0-PS-T-通气	排水-通气管	180	0.5/0.6	单点长画线
0-PS-YS-重力雨水	排水-重力雨水管	4	0.5/0.6	中虚线
0-PS-YS-压力雨水	排水-压力雨水管	4	0.5/0.6	中实线
0-PS-YT-阳台排水（含管道井）	排水-阳台排水管（含管道井）	4	0.5/0.6	中虚线
0-PS-KN-冷凝排水	排水-冷凝排水管	4	0.5/0.6	中虚线
0-PS-F	排水-标识（阀门、附件、插字）	2/7	0.25	细实线
0-PS-N	排水-说明	31	0.2	细实线
0-YS-N（海绵一层用）	雨水-说明	11	0.2	细实线

注：1. "说明"指文字说明、定位尺寸，"标识"指管件、阀门以及管道上的插字等。
　　2. 颜色指 autocad 软件索引颜色代码。

2.3.4　消防（表2.3-4）。

消　　防　　　　　　　表 **2.3-4**

图层名称	绘制内容	颜色	线宽 (mm)	线型
0-FH-消防市政给水管	消防-消防给水管/消防市政给水管	120	0.5/0.6	中实线
0 FH-消防转输给水	消防-消防转输给水管	5	0.5/0.6	中实线
0-FH-排水	消防-排水管	40	0.5/0.6	中虚线

续表

图层名称	绘制内容	颜色	线宽（mm）	线型
0-FH-通气	消防-通气管	180	0.5/0.6	单点长画线
0-FH-F	消防-标识（阀门、附件、插字）	2/7	0.25	细实线
0-FH-N	消防-说明	31	0.2	细实线
0-FH-XHS-消火栓给水	消防-消火栓给水管	120	0.5/0.6	中实线
0-FH-XHS-消火栓给水总管	消防-消火栓给水总管	5	0.5/0.6	中实线
0-FH-XHS-排水	消防-消火栓排水管	40	0.5/0.6	中虚线
0-FH-XHS-消火栓箱	消防-消火栓箱	7	0.25	细实线
0-FH-XHS-灭火器	消防-灭火器	7	0.25	细实线
0-FH-XHS-灭火器-N	消防-灭火器说明	31	0.2	细实线
0-FH-XHS-F	消防-标识（阀门、附件、插字）	2/7	0.25	细实线
0-FH-XHS-N	消防-说明	31	0.2	细实线
0-FH-ZP-自喷给水（报警阀后）	消防-自喷给水管线	6	0.5/0.6	中实线
0-FH-ZP-自喷给水总管（报警阀前）	消防-自喷给水总管（含稳压管）	120	0.5/0.6	中实线
0-FH-ZP-排水	消防-自喷排水管线	40	0.5/0.6	中虚线
0-FH-ZP-F	消防-标识（阀门、附件、插字）	2/7	0.25	细实线
0-FH-ZP-N	消防-说明	31	0.2	细实线
0-FH-ZP-PT	消防-喷头	7	0.25	细实线
0-FH-ZP-PT-N	消防-喷头说明	31	0.2	细实线

注：1. "说明"指文字说明、定位尺寸，"标识"指管件、阀门以及管道上的插字等。
　　2. 颜色指 autocad 软件索引颜色代码。

2.3.5 室外通用（表 2.3-5）。

室 外 通 用　　　　　　　表 2.3-5

图层名称	绘制内容	颜色	线宽（mm）	线型
1-GPS-F	给水排水-标识（阀门．附件、插字、阀门井）	2/7	0.25	细实线
1-GPS-N	给水排水-说明	31	0.2	细实线

注：1. "说明"指文字说明、定位尺寸，"标识"指管件、阀门以及管道上的插字等。
　　2. 颜色指 autocad 软件索引颜色代码。

2.3.6 室外给水（表 2.3-6）。

室 外 给 水　　　　　　　表 2.3-6

图层名称	绘制内容	颜色	线宽（mm）	线型
1-GS-生活市政给水	给水-生活给水管/生活市政给水管	91	0.5	中实线
1-GS-生活加压给水	给水-生活加压给水管	91	0.5	中实线
1-GS-消防市政给水	给水-消防给水管/消防市政给水管	121	0.5	中实线
1-GS-消防加压给水	给水-消防加压给水管	121	0.5	中实线
1-GS-F	给水-标识（阀门、附件、插字、阀门井）	2/7	0.25	细实线
1-GS-N	给水-说明	31	0.2	细实线
1-GS-阀门井—N（可隐藏）	给水-阀门井编号	31	0.2	细实线

注：1. "说明"指文字说明、定位尺寸，"标识"指管件、阀门以及管道上的插字等，"设备"指其他大型给水排水设备。
　　2. 颜色指 autocad 软件索引颜色代码。

2.3.7 室外景观给水（表 2.3-7）。

室外景观给水 表 2.3-7

图层名称	绘制内容	颜色	线宽(mm)	线型
1-GS-景观给水	给水-景观给水管	91	0.5	中实线
1-GS-JG-F	景观给水-标识（阀门、附件、插字、阀门井）	2/7	0.25	细实线
1-GS-JG-N	景观给水-说明	31	0.2	细实线

注：1. "说明"指文字说明、定位尺寸，"标识"指管件、阀门以及管道上的插字等。
2. 颜色指 autocad 软件索引颜色代码。

2.3.8 室外排水（表 2.3-8）。

室外排水 表 2.3-8

图层名称	绘制内容	颜色	线宽(mm)	线型
1-PS-WS-重力污水	污水-重力污水管	51	0.5	中虚线
1-PS-FS-重力废水	废水-重力废水管	41	0.5	中虚线
1-PS-FS-实验废水	废水-实验废水管	41	0.5	中虚线
1-PS-F	排水-标识（阀门、附件、插字、检查井）	2/7	0.25	细实线
1-PS-N	排水-说明	31	0.2	细实线
1-PS-检查井-N	排水-检查井编号	31	0.2	细实线

注：1. "说明"指文字说明、定位尺寸，"标识"指管件、阀门以及管道上的插字等，"设备"指其他大型给水排水设备。
2. 颜色指 autocad 软件索引颜色代码。

2.3.9 室外雨水（表 2.3-9）。

室外雨水 表 2.3-9

图层名称	绘制内容	颜色	线宽(mm)	线型
1-YS-重力雨水	雨水-重力雨水管	121	0.5	中虚线
1-YS-雨水口连接管	雨水-雨水口连接管	4	0.5	中虚线

续表

图层名称	绘制内容	颜色	线宽（mm）	线型
1-YS-压力雨水	雨水-压力雨水管	121	0.5	中实线
1-YS-F	雨水-标识（阀门、附件、插字、检查井）	2/7	0.25	细实线
1-YS-N	雨水-说明	31	0.2	细实线
1-YS-检查井-N	雨水-检查井编号	31	0.2	细实线

注：1. "说明"指文字说明、定位尺寸，"标识"指管件、阀门以及管道上的插字等，"设备"指其他大型给水排水设备。
2. 颜色指 autocad 软件索引颜色代码。

2.3.10 管线综合（表 2.3-10）。

管 线 综 合　　　　　　　　表 2.3-10

图层名称	绘制内容	颜色	线宽（mm）	线型
1-管线综合-F	综合-标识（阀门、附件、插字、检查井）	2/7	0.25	细实线
1-管线综合-N	综合-说明	31	0.2	细实线

注：1. "说明"指文字说明、定位尺寸，"标识"指管件、阀门以及管道上的插字等。
2. 颜色指 autocad 软件索引颜色代码。

2.4 图面绘制内容采用的图层以及隶属的平面

2.4.1 图纸空间布局内图层依据给水排水平面和消防给水平面两套图纸分开绘制。

2.4.2 平面图中生活水泵房、消防水泵房以及消防水箱（除进水接自生活加压给水管段外）区域内管线各自按生活给水排水、消防给水排水图层分开绘制。

2.4.3 如果消防水箱进水管接自生活给水管段，则消防水箱优先绘制在给水排水平面图上；如果消防水箱进水管为了和消防给水自成一套完整的图面，则消防水箱绘制在消防给水平面图上，或在详图内表示，但整体的水平管路、竖向上行供水管路需要绘制在给水排水平面图上，到房间后预留给水接口。

2.4.4 消防高位水箱、中间转输水箱的溢流管、放空管以及房间地漏、屋面消防水箱间过水洞排水，如设置独用的排水立管，则采用消防排水管线、文字图层，直接绘制在消防给水平面图上。

2.4.5 消防高位水箱、中间转输水箱与生活水箱溢流、放空管合用排水立管，则绘制在给水排水平面图上。

2.4.6 自动喷水灭火系统独用的泄水立管、独用的末端排水立管以及报警阀间独用的排水立管直接排至室外，则采用消防排水管线、文字图层，其连接排水管段、出户管段直接绘制在自动喷水灭火系统平面图上，自成一套完整的图面；消火栓给水系统的排水类同。

2.4.7 如果消防给水系统的排水地漏与公共管道井的排水地漏合用，或借用新风机房地漏排水的情况，则采用生活排水管线、文字图层，绘制在给水排水平面图上，但地漏以及特别的文字说明采用 0-GPS-F/N 图层，可以在生活给水排水、消防给水排水两套平面图上均显示。

2.5 楼层架空管线标高示意图（图 2.5）

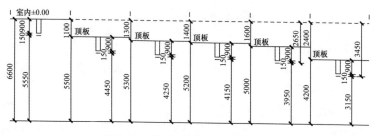

图 2.5　楼层架空管线标高示意图

2.6 住宅对称的户型，户内排水立管编号左右一致，不另行编号；如仅首层不一样（一侧架空；另一侧有单排的情况），实际户内排水立管一样，则左右编号仍一致；如局部不一致，可以加"'"。

2.7　有卫生器具排水连接的楼板下排水横干管绘制在洁具层（如卫生间），其排水管底标高标注为 F−；如纯排水横干管不连接卫生间器具排水则绘制在实际安装楼层，其排水管底标高标注为 F+。

2.8　纯排水立管（含污水、废水、雨水等）楼层转换绘制在实际安装楼层；楼层多洁具卫生间以及多处分散卫生间汇总排水至自身区域外排水立管时，如区域外排水横支管、干管长度超过两跨，可按区域内外管段绘制，区域内的管段绘制在洁具层，区域外的管段绘制在实际安装楼层，或直接绘制在洁具层，注明排水起始端、终端管底标高 F−；如楼层排水仅为单点或少量点，可直接绘制在实际安装楼层（邻近排水立管的排水点排水支管可在楼层上敷设），图面圆圈代表楼层竖向排水点并用文字注明，屋面雨水斗悬吊管段在实际安装楼层平面图上绘制；酒店、旅馆等中间楼层客房卫生间单独排水汇总至排水横干管时，一般与上部排水立管转换汇总横干管同层绘制，绘制在洁具层，如有转换层，也可以绘制在转换层，也可按客房卫生间区域内外管段绘制，区域内的管段绘制在洁具层，区域外的管段绘制在实际安装楼层；首层排水出户管，如排水立管（含污水、废水、雨水等）或卫生间等排水点靠近于首层外墙区域，可绘制在首层排水平面上，复制异层排水管线到地下一层，核实排水管段走位是否穿越了不应穿越的房间，如电气房间、密闭的结构空腔等。

2.8.1　首层，如排水立管（含污水、废水、雨水等）或卫生间等排水点位于建筑物内部，且地上建筑与地下空间属于同一子项目，需要绘制在地下一层，特别是需要长距离才能敷设至室外的出户管段，地下一层示意穿外墙处刚性防水套管、室外检查井；另复制穿外墙处刚性防水套管至室外检查井的排水出户管段到一层排水平面上。

特别说明：带地下空间的一层排水出户管，如绘制在一层，则必须在地下空间示意管位，文字说明见一层给水排水平面图；如绘制在地下空间，一层可以不绘制。

2.8.2 满堂开挖地下空间上的建筑群排水出户管段绘制楼层，考虑到地上建筑与地下空间不属于同一子项，其建筑排水绘制在一层给水排水平面图上，由地上建筑与地下衔接的高低跨墙处排水出户至地下空间顶板覆土内检查井，复制异层排水管线到满堂开挖的地下一层，核实排水管段走位。

2.9 满堂开挖地下空间的集水坑潜水泵加压提升排水管段排至地下空间范围内顶板上覆土内雨水沟或检查井，绘制在地下一层给水排水平面上，排水出户绘制管段长度控制 2m 左右，方向仅示意；具体连接至排水沟或检查井的管段表示在室外子项-地下压力排水至室外排水系统示意图上。

2.10 考虑到绘图软件的局限性，有些图例水流方向不能旋转、镜像，除圆形地漏的图例可以混用外，其他的用自己的图例。

2.11 结构专业梁图的应用

结构专业梁图的应用见表 2.11。

<table>
<tr><td colspan="2" align="center">结构专业梁图的应用</td><td align="right">表 2.11</td></tr>
</table>

布置立管、卫生器具排水管	套所在楼板层的结构梁图
布置直立型喷头、水平管线穿梁、管线综合	套上一楼板层的结构梁图

2.12 首层降板排水出户，排水房间区域同时降管线穿越处的梁，含外墙梁，提资给建筑、结构专业时注明。

冻土地区，首层降板给水进户以及排水出户处可能无法满足防冻要求，需要局部设置降板区域，L 距离满足防冻要求（图 2.12）。

降板做法参考图集《〈人民防空地下室设计规范〉图示—给水排水专业》05SFS10 第 29 页 3.1.6 图示 1。

2.13 管道井尺寸

管道井尺寸见表 2.13。

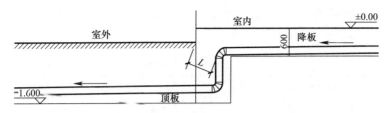

图 2.12　有防冻要求的降板设置

管道井尺寸　　　　　　　　　　表 2.13

位置	立管管位	立管间距	管道井净尺寸	检修门净宽
公共卫生间按不小于4根立管计	1污1通1直供1加压，低位水表水平向尺寸600mm计	250mm	1050mm×550mm考虑水表水平横在立管前面	600mm 最小按400mm计
1根立管管道井	1雨	—	250mm×250mm	200mm×200mm孔
自喷末端试水	1排1地漏	—	600mm×400mm	400mm
公共管道井按不小于4根立管计，按5根提资	1喷1泄1排1稳	300mm	1200mm×400mm最好500mm进深	600mm

注：1. 住宅水表井尺寸按地方规定，一般进深不小于 600mm，面宽不小于 1200mm，水表处面宽不小于 630mm；排水立管、消防立管在进深侧解决，管道井尺寸须考虑住宅得房率，严格按地方规定的下限考虑，生活给水立管间距控制在 150mm。

2. 管道安装、检修一般井外操作，门高尽可能 2.2m，不然层高过高，根本无法井外操作；如井内操作，特别是层高过高时，应该加大井内操作空间。

3. 《建筑给水排水设计标准》GB 50015—2019 第 3.6.14 条要求管道井应每层设外开检修门。而生活排水章节没有叙述，则涉及排水单立管道井的情况，可直接开检修孔。

4. 除排水单立管、消火栓给水单立管装饰管道井外，其他管道井统一开检修门。

2.14　立管管道中心间距
立管管道中心间距需要依据预埋翼环套管尺寸而定，尺寸

13

参照图集《管道穿墙、屋面套管》18R409 第 3 页，立管、套管及翼环规格见表 2.14-1。

立管、套管及翼环规格　　　表 2.14-1

工作管公称直径（mm）	40	50	65	80	100	150	200
套管外径（mm）	108	108	133	159	159	219	273
翼环外径（mm）	210	210	235	260	260	350	405

2.14.1　不保温的给水立管中心间距

不大于 $DN65$ 的立管管道中心间距统一按 250mm 计算，不大于 $DN100$ 的立管管道中心间距统一按 300mm 计算；

不大于 $DN150$ 的立管管道中心间距统一按 350mm 计算，不大于 $DN200$ 的立管管道中心间距统一按 400mm 计算。

2.14.2　塑料排水立管中心间距

图集《建筑排水管道安装——塑料管道》19S406 管道穿楼面做法见第 42 页，预埋钢制套管做法见第 43 页、第 57 页、第 59 页；图集第 68 页、第 84 页、第 91 页、第 99 页塑料材质结合通气 H 管件规格 $DN150\times100$mm 中心间距大致为 185mm。优先采用预留洞做法，立管中心间距如下：

不大于 $DN75$ 的立管，洞口 $\phi180$mm，立管中心间距统一按 200mm 计算，不大于 $DN100$ 的立管，洞口 $\phi210$mm，立管中心间距统一按 200mm 计算；

不大于 $DN150$ 的立管，洞口 $\phi260$mm，立管中心距统一按 300mm 计算，不大于 $DN200$ 的立管，洞口 $\phi300$mm，立管中心距统一按 300mm 计算。

如预埋钢制套管，图集《建筑排水管道安装——塑料管道》19S406 采用止水环钢制套管，则立管中心间距如下：

不大于 $DN75$ 的立管，钢制套管 $\phi125$mm，立管中心间距统一按 200mm 计算，不大于 $DN100$ 的立管，钢制套管 $\phi150$mm，立管中心间距统一按 200mm 计算；

不大于 $DN150$ 的立管，钢制套管 $\phi200$mm，立管中心距统一按 300mm 计算，不大于 $DN200$ 的立管，钢制套管 $\phi250$mm，立管中心距统一按 300mm 计算。

2. 14. 3　柔性铸铁排水立管中心间距

图集《建筑生活排水柔性接口铸铁管道与钢塑复合管道安装》13S409 除穿屋面可采用预埋钢制套管外，其他穿楼面排水立管均为第 35 页预留洞做法；图集第 49 页、第 53 页、第 62 页柔性铸铁材质结合通气 H 管件规格 $DN150\times100$mm 中心间距大致为 180mm、241mm。

优先采用预留洞做法（如预埋钢制套管，做法参考图集《建筑生活排水柔性接口铸铁管道与钢塑复合管道安装》13S409 第 35 页穿屋面处带翼环防水套管），则立管中心间距如下：

不大于 75 的立管，钢制套管 $\phi140$mm，立管中心间距统一按 200mm 计算，不大于 100 的立管，钢制套管 $\phi168$mm，立管中心间距统一按 250mm 计算；

不大于 150 的立管，钢制套管 $\phi219$mm，立管中心距统一按 300mm 计算，不大于 200 的立管，钢制套管 $\phi273$mm，立管中心距统一按 350mm 计算。

2. 14. 4　图集《地下建筑防水构造》10J301 第 55 页群管穿墙套管之间的填充空隙是不小于 50mm，群管穿墙套管钢板预埋件优势：（1）是方便；（2）是可以减小出户管中心间距，如集中处出户管管径均为 $DN100$，则套管的中心间距可以为不小于 159mm＋50mm；图集《管道穿墙、屋面套管》18R409 第 4 页、第 10 页人防工程临空楼板、临空墙、防护墙处刚性套管的中心间距须考虑翼环、距墙不大于 200m 处防护阀门的安装空间，工作管管径不大于 $DN150$ 时，管道中心间距统一按 400mm 计算，工作管管径 $DN200$ 时，管道中心间距按 450mm 计算。

2. 14. 5　预埋套管处用文字表述：穿管管径在工作管线上表示，文字仅写预埋刚性、柔性防水套管、管中标高，不写套管尺寸，套管尺寸×δ（mm）见给水排水设计、施工说明中套管尺寸对照表。

给水进户、排水出户管穿外墙处，标注给水、排水管管径、管中/管底标高、预埋防水套管管中标高。如刚性防水套管管中标高标注：套管中心标高－2.65m；压力排水出外墙后上翻标注：上翻至标高－1.00m。

图面备注表格，见表2.14-2：

图面备注表 表2.14-2

穿管公称 直径（mm）	刚性防水套管 外径（mm）	套管管中标高（m）
DN100	φ159	重力排水管底标高＋0.05
DN150	φ219	重力排水管底标高＋0.075或0.07
DN200	φ273	重力排水管底标高＋0.10

2.14.6 针对有保温层的热水立管，保温层厚度按40～50mm计为立管管径。

2.15 架空管道吊架形式

吊杆与管卡、吊杆与支架（或称为横担）参考图集《室内管道支架及吊架》03S402第27页、第33页，吊杆可以采用圆钢或角钢，支架/横担一般采用角钢。

2.16 消防水池、消防水泵房、生活水箱间、消防水箱间、热水机房等荷载。

2.16.1 生活水箱间荷载（表2.16-1）、消防水池荷载、直接给结构专业提资储水深度、基础密度参见《建筑结构荷载规范》GB 50009—2012附录A，素混凝土密度为22～24kN/m³，即2.2～2.4t/m³。

生活水箱间荷载 表2.16-1

水箱容积（m³）	箱体高度（m）	水箱质量（kg）	自重＋水重（t）
12	2.0	900	12.9
24	2.0	1490	25.49
48	2.0	2242	50.25
75	2.5	3612	78.62

注：水箱质量为水箱本体与型钢底架质量之和，摘自图集《矩形给水箱》12S101第9页；表格不含基础荷载。

16

生活水箱间，默认房间 3.7m 层高，水箱 2m 高；房间 4.2m 层高，水箱 2.5m 高。

2.16.2　消防水箱间，默认房间 3.7m 层高，水箱 2m 高。

消防水箱间荷载见表 2.16-2。

消防水箱间荷载　　　　　　　表 2.16-2

水箱容积 (m³)	箱体高度 (m)	运行质量 (t)	稳压设备型号	运行质量 (t)	运行总质量 (t)
18	2.0	28.37	XW（L)-I-1.0-20-ADL	1.47（一套）2.94（两套）	31.31
36	2.0	54.40	XW（L)-I-1.0-20-ADL	1.47（一套）2.94（两套）	57.34
50	2.0	75.60	XW（L)-I-1.0-20-ADL	1.47（一套）2.94（两套）	78.54
100	2.0	147.87	XW（L)-I-1.0-20-ADL	1.47（一套）2.94（两套）	150.81

注：摘自图集《高位消防贮水箱选用及安装》16S211 第 30～35 页以及《消防给水稳压设备选用与安装》17S205 第 15 页，含消防水箱 700mm 高条形基础荷载，不含稳压设备 150mm 高基础荷载。

2.16.3　空气源热泵。

空气源热泵见表 2.16-3。

空气源热泵　　　　　　　表 2.16-3

空气源热泵型号	额定功率 (kW)	制热功率 (kW)	机组质量 (kg)
—	2.43	11	125
—	4.63	19.6	190
—	6.88	31	345
—	8.25	36	370
—	16.6	72	800
热媒供热泵型号	流量 (m³/h)	扬程 (m)	自重 (kg)
—	11	10	35
—	22.3	10	46
—	32	9.7	61
—	45	15	90

注：摘自图集《热泵热水系统选用与安装》06SS127 第 24 页、山东省建筑标准设计图集《建筑生活热水工程》L20S101 第 94 页、第 97 页以及上海熊猫机械（集团）有限公司 CK 系列热水型泵样本第 44 页、第 46 页；表格不含基础荷载。

2.16.4 热水机房。

热水机房见表 2.16-4。

热水机房   表 2.16-4

半容积式水加热器容积（m³）	高度（m）	U形换热器长度（m）	自重+水重（t）
1	2.06	1.16	0.93+1=1.93
1.5	1.93	1.48	1.6+1.5=3.1
2.0	2.33	1.48	1.75+2=3.75
2.5	2.77	1.48	1.92+2.5=4.42
3.0	2.13	1.88	2.33+3=5.33
3.5	2.38	1.88	2.47+3.5=5.97
4.0	2.63	1.88	2.62+4=6.62
4.5	2.46	2.10	3.32+4.5=7.82
5.0	2.66	2.10	3.48+5=8.48
热水循环泵型号	流量（m³/h）	扬程（m）	自重（kg）
—	11	10	35
—	22.3	10	46

注：摘自图集《水加热器选用及安装》16S122 第 50 页、山东省建筑设计标准图集《建筑生活热水工程》L20S101 第 94 页、第 97 页，热水循环泵参数见图《水加热器选用及安装》16S122 第 116 页；表格不含基础荷载。

2.16.5 油水分离器间

油水分离器间见表 2.16-5。

油水分离器间   表 2.16-5

长方形隔油器（m³/h）	高度（m）	外形（m×m）	功率（kW）	湿重（t）	单位面积荷载推算（t/m²）
5	2.2	1.9×1.2	2.9	3	1.32
6	2.3	2.0×1.2	2.9	3.4	1.42
8	2.3	2.1×1.2	2.9	3.4	1.35
10	2.3	2.2×1.2	2.9	3.7	1.40

续表

长方形隔油器 (m³/h)	高度 (m)	外形 (m×m)	功率 (kW)	湿重 (t)	单位面积荷载推算 (t/m²)
15	2.4	2.3×1.4	2.9	4.6	1.43
20	2.4	2.3×1.6	2.9	5.0	1.36
25	2.4	2.6×1.6	2.9	5.5	1.32
30	2.4	2.8×1.6	2.9	6.0	1.34
35	2.4	3.0×1.6	4.0	6.6	1.38
提升装置 (m³/h)	高度 (m)	外形 (m×m)	功率 (kW)	湿重 (t)	单位面积荷载推算 (t/m²)
5	1.2	1.0×0.8	1.1	1	1.25
6	1.2	1.0×1.0	1.1	1.2	1.20
8	1.2	1.2×1.0	1.5	1.5	1.25
10	1.2	1.2×1.2	2.2	1.7	1.18
15	1.5	1.2×1.2	2.2	2.2	1.58
20	1.5	1.5×1.2	3.0	2.7	1.50
25	1.5	1.5×1.5	4.0	3.4	1.51
30	2.0	1.5×1.2	4.0	3.7	2.06
35	2.0	1.5×1.5	5.5	4.6	2.04

注：摘自图集《卫生设备安装》09S304 第 151 页、第 152 页、第 155 页，图集
备注隔油器、提升装置场所要求结构承重平均荷载为 1.5～2t/m²；另可参
考图集《餐饮废水隔油设备选用与安装》16S708 第 43 页、第 59 页、第 60
页，功率、荷载与图集《卫生设备安装》09S304 不同。

2.16.6 消防水泵房，可以直接给结构专业提资消防水池
贮水深度。

单级、多级消防水泵见表 2.16-6、表 2.16-7。

单级、多级消防水泵（一）　　　表 2.16-6

立式单级水泵组	流量 (m³/h)/ 扬程 (m)	高度 (m)	功率 (kW)	质量 (kg)
室外消火栓水泵	40/50	1.0	45	460
室内消火栓水泵	40/125	1.25	110	980

续表

立式单级水泵组	流量（m³/h）/扬程（m）	高度（m）	功率（kW）	质量（kg）
自动喷水灭火系统水泵	30/130	1.07	90	790
	50/124	1.49	132	1150
立式多级水泵组	流量（m³/h）/扬程（m）	高度（m）	功率（kW）	质量（kg）
室内消火栓水泵	40/172	1.80	110	940
自动喷水灭火系统水泵	30/200	1.92	110	950

注：摘自《上海熊猫单级多级消防泵样本 2014/12》第 17 页、第 18 页、第 20 页、第 39 页、第 41 页。

单级、多级消防水泵（二）   表 2.16-7

立式单级水泵组	流量（m³/h）/扬程（m）	高度（m）	功率（kW）	质量（kg）
室外消火栓水泵	40/50	1.04	37	330
室内消火栓水泵	40/125	1.40	90	790
自动喷水灭火系统水泵	30/129	1.40	90	748
	50/130	1.46	110	955
立式多级水泵组	流量（m³/h）/扬程（m）	高度（m）	功率（kW）	质量（kg）
室内消火栓水泵	40/240	2.17	160	1480
自动喷水灭火系统水泵	30/240	2.17	132	1380

注：摘自《上海凯泉 XBD 系列消防泵综合样本 2021/03》第 41～44 页、第 47 页、第 64 页、第 65 页、第 67 页。

2.16.7 污水处理机房：可以直接给结构专业提资处理池储水深度。

深化设计处理厂家考虑事故排水收集荷载，含废水事故收集池、中间水解酸化池、缺氧脱氮池、接触氧化池、生化二沉池、消毒池、清水排放池等，机房总荷载可以是日排水量的 2.5～3 倍。

2.17 满堂开挖地下空间上的建筑物最外圈柱外挑板处做外墙或玻璃幕墙形式时，其±0.000 高低跨处埋地外墙做法与最外圈柱齐，可以方便排水立管出户进入室外检查井以及屋面、外廊、露台雨水立管、冷凝水立管高标高出户进入室外排水沟，避免穿越地下空间，注意与建筑、结构专业协调统一，如图 2.17-1 所示。

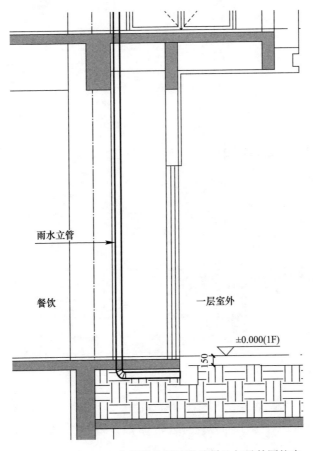

图 2.17-1 ±0.000 高低跨处埋地外墙做法与最外圈柱齐

±0.000 高低跨处埋地外墙做法与最外圈柱内侧齐平，排水立管可由高低跨处埋地从地下外墙外侧与地上外墙内侧的空间处出户，如图 2.17-2 所示。

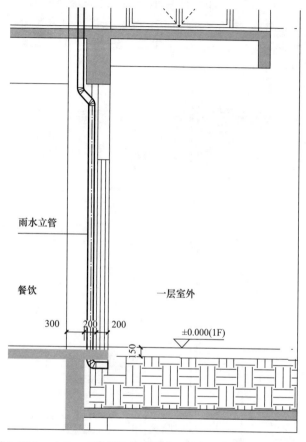

图 2.17-2　±0.000 高低跨处埋地外墙做法与最外圈柱内侧齐平

2.18　设备参数标注与型号标注

图面必须标注水力计算实际参数，可稍微放大 1.05 倍系数，型号标注可有可无。

如水泵两用一备参数，则标注 $Q=60\text{m}^3/\text{h}$（总），再另起一行标注 $Q=20\text{m}^3/\text{h}$，$H=60\text{m}$，$N=7.5\text{kW}/台$，3 台，2 用 1 备。

需要注明型号的，按设备图集选用，无图集可选的，再参考设备厂家样本。参数一般是按实际计算取值，而型号内含的参数可能恰好匹配，也可能大于实际计算取值。

2.19　有严格卫生要求或防潮要求的房间，其直接上层楼地面不得布置产生渗漏污染的设施，如表 2.19 所示。

2.20　生活水泵房位置

生活水泵房位置，如表 2.20 所示。

相关标准对布置设施的要求　　　表 2.19

1	2	3	4	5	6
《旅馆建筑设计规范》JGJ 62—2014		《饮食建筑设计标准》JGJ64—2017	《民用建筑设计统一标准》GB 50352—2019 第6.6.1条2	《建筑给水排水设计标准》GB 50015—2019	
第4.1.9条	第4.1.10条	第4.1.6条		第3.3.17条	第4.4.2条
下：餐厅、厨房、食品储藏等。注：洗碗间也属于这种情况	下：变配电室	下：厨房区域	下：食品加工、贮存、医药及原材料生产、贮存、生活供水、电气、档案、文物等	下：生活水泵房	下：厨房间的主、副食操作、烹调、备餐间
上：不得有卫生间、盥洗室、浴室	上：不得有卫生间、盥洗室、浴室	其上：不得有厕所、卫生间、盥洗室、浴室等有水房间	上：不得有厕所、卫生间、盥洗室、浴室等有水房间	上：不得有厕所、垃圾间、污废水泵房、污废、中水、雨水处理机房、浴室、盥洗室、厨房、洗衣房等	上：不得有排水管

续表

1	2	3	4	5	6
条文也禁止降板同层排水	即便降板同层排水或无法进入清理的双层板也不可以(人能进入的双层板可以)	降板以及有严格防水措施要求,用餐区域上层可以同层排水。其上如果是厨房区域也可以	降板以及有严格防水措施要求,餐厅、医疗用房等其上可以按照《民用建筑通用规范》GB 55031—2022第5.6.2条2不应布置在有严格卫生、安全要求房间的直接上层	即便降板同层也不可以	如层层都是厨房,上层降板垫层内可以敷设排水管
严格卫生要求,强制性条文	严格防潮要求,强制性条文	严格卫生、安全要求	严格卫生、安全要求	严格卫生要求,强制性条文	严格卫生要求,强制性条文

注: 1. 列1. 旅馆建筑,与旅馆建筑设计规范规组确认,下为餐厅时,即便其上同层排水也不认可。

2. 列3. 饮食建筑设计标准其上针对的是厕所、卫生间、盥洗室、浴室等有水房间,未涉及层层是厨房的情况,笔者觉得层层厨房的排水还是可以采用降板垫层内同层排水的。

3. 多楼层餐饮废水排水做法(图2.19):其厨房位置一般处于同一竖向位置,小型厨房可以楼层设置存水弯,直接降板垫层敷设接至废水立管;大型厨房一般设置排水沟,接至废水立管处需要设置存水弯,为避免存水弯管段跨越下层厨房操作空间,可做包柱处理(柱侧穿楼板,穿越的管段均包在柱装饰内,不得已时采用此做法)。

4. 列5. 只是说厨房间的主、副食操作、烹调、备餐间的上空不得有排水管跨越,未说其直接上层不可以设置用水房间,理解可以同层排水处理。

5. 医院下部楼层为门诊,上面为病房,排水管道规范没有明确不可以穿越门诊空间,门诊可按办公计。

生活水泵房位置 表2.20

《建筑给水排水设计标准》GB 50015—2019第3.3.17条	《建筑给水排水设计标准》GB 50015—2019第3.8.1条
不应毗邻的房间:厕所、垃圾间、污废水泵房、污废、中水、雨水处理机房等可能产生污染源的房间	不应毗邻变配电所 不宜毗邻居住用房(上、下都不可以)
规范未列举浴室、盥洗室、厨房、洗衣房等,自我理解可以毗邻	—

注:《建筑给水排水设计标准》GB 50015—2019针对垃圾间与生活水泵房只是要求不能毗邻,未明确距离数值。

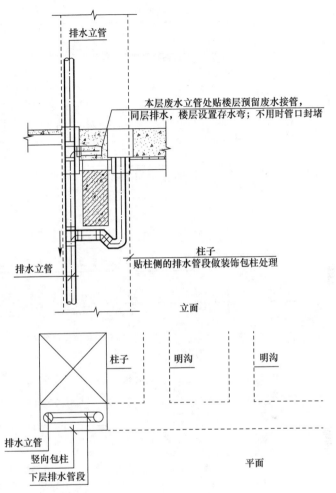

本层废水立管处贴楼层预留废水接管，
同层排水，楼层设置存水弯；不用时管口封堵

排水立管

柱子
贴柱侧的排水管段做装饰包柱处理

排水立管

立面

柱子　　　明沟　　　明沟

排水立管
竖向包柱
下层排水管段

平面

图 2.19　多楼层餐饮废水排水做法

2.21　剪力墙核心筒处管道井，如水平管线集中穿越剪力墙，必须给结构专业提资。

2.22　小水泵不考虑安装空间时，可以贴墙，只要能安装即可。

泵组基础尺寸如表 2.22-1 所示。

泵组基础尺寸　　　　　　　　　　表 2.22-1

循环泵流量	管径 (mm)	流速 (m/s)	泵体高度 (mm)	泵体长度 (mm)	基础尺寸 (mm)	基础高度 (mm)
0.15L/s（0.54m³/h）	DN15	1.184	—	—	—	—
0.25L/s（0.9m³/h）	DN20	0.95	—	—	—	—
0.5L/s（1.8m³/h）	DN25	1.078	—	—	—	—
0.75L/s（2.7m³/h）	DN32	0.91	—	—	—	—
1L/s（3.6m³/h）	DN40	0.868	≤435	≤260	500×500	200
2L/s（7.2m³/h）	DN50	1.03	—	—	500×500	250
3L/s（10.8m³/h）	DN65	0.901	≤500	≤300	700×700	250

注：吸水管内流速默认 1.0～1.2m/s；摘自山东省建筑标准设计图集《建筑生活热水工程》L20S101 第 94～98 页，泵体高度按相近流量、扬程不大于 15m 取值。

吸水、出水管段附件螺纹连接长度如表 2.22-2 所示。

吸水、出水管段附件螺纹连接长度　　　　表 2.22-2

循环泵流量	管径 (mm)	截止阀 (mm)	可曲挠橡胶 接头（mm）	升降式止 回阀（mm）
0.15L/s（0.54m³/h）	DN15	90	180	90
0.25L/s（0.9m³/h）	DN20	100	180	100
0.5L/s（1.8m³/h）	DN25	120	180	120
0.75L/s（2.7m³/h）	DN32	140	200	140
1L/s（3.6m³/h）	DN40	170	210	170
2L/s（7.2m³/h）	DN50	200	220	200
3L/s（10.8m³/h）	DN65	260	245	260

注：截止阀螺纹连接摘自图集《常用小型仪表及特种阀门选用安装》01SS105 第 8 页、图集《管道阀门选用与安装》21K201 第 18 页以及图集《倒流防止器选用及安装》12S108-1 第 9 页，可曲挠橡胶接头摘自《可曲挠橡胶接头》CJ/T 208—2005 表 2 KSTL 款、图集《建筑给水塑料管道安装》11S405-2 第 42 页，升降式止回阀螺纹连接摘自图集《管道阀门选用与安装》21K201 第 43 页，螺纹活接头可参见图集《建筑给水塑料管道安装》11S405-2 第 48 页。

2.23　钢塑复合管连接方式

钢塑复合管分为涂塑钢管、衬塑钢管两种。涂塑钢管、衬塑钢管连接方式为管径不大于 DN100 且工作压力不大于 1.0MPa 时宜采用螺纹连接，管径大于 DN100 或工作压力大于 1.0MPa 时宜采用沟槽式或法兰连接，见图集《建筑给水复合金属管道安装》10SS411 第 4 页。

2.24　图面预留设备、阀件等空间长度，用矩形表示实际长度

2.24.1　先导式可调减压阀组预留空间长度，图面用矩形表示实际长度，外附节点详图或图集剪贴图（图 2.24-1）。

图集《常用小型仪表及特种阀门选用安装》01SS105 第 78 页阀门采用的是对夹蝶阀，一组管径 $DN150$ 的减压阀尺寸为 2200mm，增设一只减压阀，长度增加 480mm。

$DN150$ 的闸阀尺寸为 350mm，一组管径 $DN150$ 减压阀尺寸为 2800mm，增设一只减压阀，长度增加 480mm。

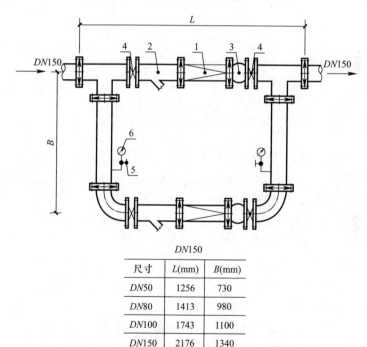

DN150

尺寸	L(mm)	B(mm)
$DN50$	1256	730
$DN80$	1413	980
$DN100$	1743	1100
$DN150$	2176	1340

图 2.24-1　先导式可调减压阀组安装图

1—减压阀；2—Y 形过滤器；3—橡胶挠性接头；

4—对夹蝶阀；5—截止阀；6—压力表

2.24.2 室外市政给水引入处水表井阀组预留空间长度（图2.24-2），图面用矩形表示实际长度，外附节点详图或图集剪贴图。

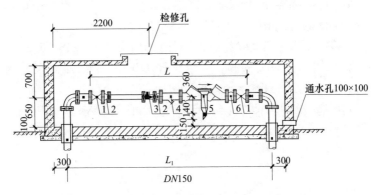

图 2.24-2 室外市政给水引入处水表井阀组安装图

1—闸阀（Z41H）；2—异径管；3—水平旋翼式水表

（LXLC直读或远传式）；4—Y形过滤器；

5—倒流防止器；6—可曲挠橡胶接头

图集《倒流防止器选用及安装》12S108-1 第37页、第39页 LHS743X型低阻力倒流防止器室外地上安装（带水表）以及尺寸表，采用闸阀带过滤器，管径 $DN100$ 时尺寸为2274mm，管径 $DN150$ 时尺寸为3079mm，管径 $DN200$ 时尺寸为3724mm，管径 $DN300$ 时没有，图面绘制矩形尺寸为3750mm×1200mm。

2.24.3 水泵接合器阀组预留空间长度，图面用矩形表示实际长度，外附节点详图或图集剪贴图。

常规一般选用图集《消防水泵接合器安装》99（03）S203第11页 SQS100-A型地上式消防水泵接合器，控制阀选用闸阀，其阀门井外竖向水泵接合器短立管管中距阀门井外壁间距控制在400～1500mm。

管径 $DN100$ 时井室尺寸为1250mm×1250mm，如选用

SQS150-A 型，管径 $DN150$ 时井室尺寸为 1500mm×1250mm，
图面绘制矩形为 1500mm×1250mm。

《消防水泵接合器安装》99（03）S203 第 23 页为两组并
列消防水泵接合器，控制阀选用闸阀，其竖向立管管中距井
室外壁控制在 400～1500mm，管径 $DN100$ 时井室尺寸长
1250mm，两组宽 1750mm，间距 1000mm；如选用
SQS150-A 型，管径 $DN150$ 时井室尺寸长 1500mm，两组宽
还是 1750mm，间距 1000mm，图面绘制矩形为 1500mm×
1750mm（宽）。

如室外空间狭小，可选用图集《消防水泵接合器安装》99
（03）S203 第 12 页蝶阀的组合井室。

2.25　多根并行的室外给水管道做法

2.25.1 直埋管道间距及做法可参考图集《热水管道直埋
敷设》17R410 第 92～94 页、第 96 页，管径 $DN50～DN200$，
其管中心间距为 290～570mm。

2.25.2 小管径带阀门的管道阀门井内间距可参考《绿地
灌溉与体育场地给水排水设施》15SS510 第 57 页，管中心间距
为 250mm。

2.25.3 管径不大于 $DN25$ 多水表井内安装间距可参考图
集 12 系列河北省等地方编制的《给水工程》12S2 第 9 页，管道
中心间距为 200～250mm。

2.26　满堂开挖的住宅小区出图

住宅小区下部自行车库是依附在住宅单体建筑平面出图，
还是依附在地下车库出图，此涉及给水排水、消防给水管线图
绘制。

2.26.1 给水不涉及。

2.26.2 排水

如依附在住宅单体建筑平面出图，最底层的自行车库集水
坑，则需要在自己图纸内体现；如依附在地下车库平面出图，
则自行车库集水坑可以在地下车库图纸内体现。

2.26.3 消火栓给水、自动喷水灭火系统消火栓给水

如依附在住宅单体建筑平面出图，多层的自行车库有多处消火栓，则消火栓给水需要在自行车库局部成环；多层的地下自行车库设置自动喷水灭火系统，则单独设置自动喷水灭火系统给水立管，需要管道井立管占位。

如依附在地下车库平面出图，多层的自行车库尽管有多处消火栓，但直接从地下车库各层局部接管；多层的地下自行车库设置自动喷水灭火系统，可以直接引自地下车库自动喷水灭火系统给水管网，不需要管道井立管占位。

2.27 针对弧形外墙，多根排水出户管穿外墙表示方法，依据墙内侧立管处 300mm 间距，各自垂直于弧形墙面；立管标高、套管、排水管管径集中标注时引出线只要垂直最边侧的管线 90°即可。

2.28 管线穿越电梯前室等区域影响顶板效果问题，此不考虑，自动喷水灭火系统管线形如蜘蛛网，可以设置一些消火栓给水、生活给水水平管。

2.29 平面立管高位转换的两处圆圈，圆圈处均标注同一立管编号，立管上行或下行由圆圈内短线示意并文字注明。

2.30 建筑群生活供水、消防集中供水系统，标注各栋楼生活、消防给水引入管处节点所需水压参数以及地下一层水源来水至各栋楼节点的实际水压参数。

水压计算步骤如下：

第一步：计算各栋建筑物引入管处节点所需水压，输入表格第一列。

第二步：各栋建筑物生活、消火栓、自动喷水灭火系统引入管与水源给水主干管连接，利用 Excel 公式表格，自动计算水源处水压（表 2.30-1、表 2.30-2）。

第三步：设定水源处水压，逆向推算各节点处实际水压。

第四步：依据各节点处实际水压进行减压。

计算水源处水压（一）　　　　　　　　表 2.30-1

室内集中消火栓给水系统，地下配水水平管管径 $DN200$ 计算，默认流量 40L/s

高区八～十九层

楼号	高区地下一层架空连接处水力计算所需压力（MPa）	地下配水管水平长度（m）	地下配水水平管单位综合水损（kPa）	地下一层架空管～地下二层低位高差（m）	泵组低位处水力计算压力（MPa）	高区地下一层架空连接处实际水压（MPa）	额外超压值（kPa）
1 号楼	—	—	—	—	—	—	—
2 号楼	1.21	35	0.14	7.85	1.30	1.29	72.6
3 号楼	0.91	300	0.14	7.85	1.03	1.25	336.20
4-1 号楼	1.02	120	0.14	7.85	1.12	1.27	251.30
4-2 号楼	1.26	209	0.14	7.85	1.37	1.26	0.00
选最大值	—	—	—	—	1.37	—	—

低区地下二层～七层

楼号	低区地下一层架空连接处水力计算所需压力（kPa）	地下配水管水平长度（m）	地下配水水平管单位综合水损（kPa）	地下一层架空～地下二层架空处高差（m）	低区地下二层架空连接处水力计算压力（kPa）即减压设定值	低区地下一层架空连接处实际水压（kPa）	额外超压值（kPa）
1 号楼	663.20	329	0.57	5.15	902.20	748.00	84.80
2 号楼	741.90	230	0.57	5.15	924.50	804.00	62.50
3 号楼	726.90	366	0.57	5.15	987.00	726.90	0.00
4-1 号楼	741.90	177	0.57	5.15	894.30	834.60	92.70
4-2 号楼	741.90	259	0.57	5.15	941.00	787.90	46.00
选最大值	—	—	—	—	987.00	—	—

注：第 6 列求得的高区最大值，也可按实际选泵扬程数值填入；最后一列为第 7 列实际水压与第 2 列所需水压的差值。

计算水源处水压（二）　　　　表 2.30-2

自动喷水灭火给水系统，地下配水水平管管径 DN200 计算，默认流量 30L/s
高区尽管高位设置报警阀，但管径都一样，可以统算

楼号	高区地下二层架空连接处水力计算所需压力（MPa）	地下配水水平长度（m）	地下配水水平管单位综合水损（kPa）	地下二层架空至低位高差（m）	泵组低位处水力计算压力（MPa）	高区地下二层架空连接处实际水压（MPa）
报警阀间 1	—	198	0.089	2.7	—	1.45
2 号楼	1.39	29	0.089	2.7	1.41	1.46
报警阀间 2	—	38	0.089	2.7	—	1.46
4-1 号楼	—	—	—	—	—	—
4-2 号楼	1.45	164	0.089	2.7	1.49	1.45
选最大值	—	—	—	—	1.49	—

低区

楼号	低区地下二层报警阀后处架空连接处水力计算所需压力（MPa）	报警阀组水损（kPa）	地下配水水平管长度（m）	地下配水水平管单位综合水损（kPa）	同一架空高度高差（m）	报警阀前处架空连接处水力计算压力即减压设定值（MPa）	低区地下二层报警阀后处架空连接处实际水压（MPa）
1 号楼	0.8	5.6	70	0.389	0	0.88	1.17
2 号楼	1.13	5.6	20	0.389	0	1.20	1.18
3 号楼	1.03	5.6	60	0.389	0	1.06	1.23
4-1 号楼	1.16	5.6	88	0.389	0	1.25	1.16
4-2 号楼	1.15	5.6	69.5	0.389	0	1.24	1.16
选最大值	—	—	—	—	—	1.25	—

注：报警阀间 1、2 位于地下二层，与泵组同层；第 6 列求得的高区最大值，可
　　按实际选泵扬程数值填入。

2.31　减压阀组节点绘制参考《〈消防给水及消火栓系统技术规范〉GB 50974—2014 实施指南》第 177 页图 9-4 先导可调式减压阀单阀水平安装图（图集《消防给水及消火栓系统技术规范》图示 15S909 第 84 页比较简洁，不参考；图集《消防专用水泵选用及安装（一）》19S204-1 第 171 页过于繁琐，不参考）。

2.32　给水、排水立管竖向贴柱敷设，当楼层柱面尺寸发生变化时，给水、排水立管只能贴地面低位转位，避开柱子穿越楼板，并告知建筑、结构专业处理。

2.33　高位生活水箱、高位消防水箱平面按房间标准模块绘制，如有效容积 18m³ 的架空消防水箱间，含两套稳压设施，如图 2.33 所示。

释义：《建筑给水排水设计标准》GB 50015—2019 第 3.8.1 条 2 "建筑物内的水池（箱）应设置在专用房间内，房间应无污染、不结冻、通风良好并应维修方便；室外设置的水池（箱）及管道应采取防冻、隔热措施。"《〈建筑给水排水设计标准〉GB 50015—2019 实施指南》针对设置在室外的水池（箱）要考虑热污染等；《〈消防给水及消火栓系统技术规范〉GB 50974—2014 实施指南》第 66 页第 4.3.11 条 5 "一般工程做法是将高位消防水箱设在建筑物内"，第 82 页第 5.2.4 条 2 "对于夏热冬冷地区，冬季会结冰，高位消防水箱露天设置时，要对水箱和管道采取保温措施"。规范未说明高位水箱不可以露天设置，设计时默认不露天设置。

2.34　自动跟踪定位射流灭火系统设计秒流量均不小于 10L/s，防火分区面积可以加倍考虑。

释义：《建筑设计防火规范（2018 年版）》GB 50016—2014 第 8.3.5 条 "根据本规范要求难以设置自动喷水灭火系统的展览厅、观众厅等人员密集的场所和丙类生产车间、库房等高大空间场所，应设置其他自动灭火系统，并宜采用固定消防炮等灭火系统"；条文说明第一款 "本条为强制性条文。对于以

33

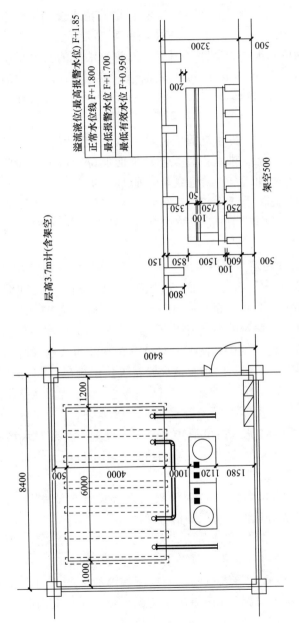

图 2.33　消防水箱间布置空间示意图

可燃固体燃烧物为主的高大空间，根据本规范第 8.3.1 条～第 8.3.4 条需要设置自动灭火系统，但采用自动喷水灭火系统、气体灭火系统、泡沫灭火系统等都不合适，此类场所可以采用固定消防炮或自动跟踪定位射流等类型的灭火系统进行保护"。

自动跟踪定位射流灭火系统包含自动消防炮灭火系统、喷射型自动射流灭火系统以及喷洒型自动射流灭火系统（旋转喷头）三种系统，自动消防炮灭火系统水量大，不涉及喷水强度的问题，可以认可防火分区面积加倍，喷射型自动射流灭火系统强度如达不到自动喷水强度要求，不考虑防火分区面积加倍。

2.35　图集《消防给水稳压设备选用与安装》17S205 稳压泵参数 1L/s 流量、20m 扬程的功率有 0.37kW、0.55kW、0.75kW 三挡，统一按 0.75kW 提资。

2.36　水箱基础高度

水箱的条形基础统一大于或等于 600mm 高，材质为混凝土，注意图面示意做不锈钢预埋件。

释义：水箱的条形基础高度参考《建筑给水排水设计标准》GB 50015—2019 第 3.8.1 条 5 "水池（箱）外壁与建筑本体结构墙面或其他池壁之间的净距，应满足施工或装配的要求，无管道的侧面净距不宜小于 0.7m；安装有管道的侧面，净距不宜小于 1.0m，且管道外壁与建筑本体墙面之间的通道宽度不宜小于 0.6m，没有人孔的池顶，顶面板与上面建筑本体底板的净空不应小于 0.8m；水箱底与房间地面板的净距，当有管道敷设时不宜小于 0.8m"；图集《矩形给水箱》12S101 第 8 页、第 11 页、第 12 页、第 15 页等图示条形基础高度大于或等于 500mm；条形基础材质参见图集《矩形给水箱》12S101 第 11 页、第 15 页、第 35 页说明 "基础可采用混凝土、钢筋混凝土梁等材料" 以及第 24 页、第 27 页、第 31 页说明 "基础条一般为混凝土"。

图集《高位消防贮水箱选用及安装》16S211 第 6 页图示条形基础高度大于或等于 500mm，第 11～14 页等图示条形基础高度大于或等于 600mm，第 21 页图示条形基础高度大于或等于

500mm，第 27 页、第 28 页、第 29 页图示条形基础高度大于或等于 700mm；条形基础材质参见图集 16S211 第 22 页、第 23 页、第 38 页、第 39 页图示"混凝土等级不低于 C30"，图示基础与屋面顶板为一体设计。

考虑到水箱本身不会产生振动，平时补水较少，针对居住用房上层水箱的条形基础，可直接落在楼层板上，不用单独落在水箱间内架空板上（图 2.36）。

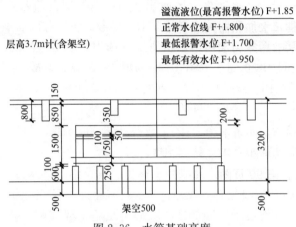

图 2.36　水箱基础高度

2.37　水泵基础高度

生活水泵组、二次供水消毒设备、热水机房泵组基础统一为 100mm 高，消防给水稳压设备基础为 150mm 高，消防水泵组基础为 200mm 高；混凝土基础，强度等级不低于 C25。

空气源热泵基础统一高出屋面完成面 300mm，钢筋混凝土条形基础。

释义：《建筑给水排水设计标准》GB 50015—2019 第 3.9.13 条"水泵基础高出地面高度应便于水泵安装，不应小于 0.10m；泵房内管道管外距地面或管均底面的距离，当管径不大于 150mm 时，不应小于 0.20m；当管径大于等于 200mm 时，不应小于 0.25m。"

2.37.1　生活水泵房

图集《变频调速供水设备选用与安装》16S111 第 25 页、第 27 页、第 28 页、第 30 页、第 33 页、第 35 页、第 38 页、第 58 页、第 61 页、第 64 页等图示基础高度为 100～200mm，第 69 页、第 72 页、第 75 页图示基础高度 100mm。

图集《二次供水消毒设备选用及安装》14S104 第 10 页、第 11 页、第 14 页、第 19 页图示混凝土基础高度为 100mm。

2.37.2　热水机房

图集《水加热器选用及安装》16S122 第 112 页图示板式换热器的基础高度为 250mm，第 114 页图示基础高度为大于或等于 100mm；图集《生活热水加热机组（热水机组选用与安装）》20S121 第 25 页、第 41 页、第 48 页图示为混凝土基础，强度等级不低于 C25，高度大于或等于 100mm。

2.37.3　消防水泵房

图集《消防专用水泵选用及安装（一）》19S204-1 第 41 页、第 66 页、第 90 页图示基础高度为大于或等于 100mm，基础材质第 41 页图示为 C30 钢筋混凝土，第 66 页、第 90 页备注说明为 C20 钢筋混凝土。

2.37.4　图集《消防给水稳压设备选用与安装》17S205 第 13 页、第 14 页、第 18 页图示为 C30 钢筋混凝土基础，高度 150mm。

2.37.5　图集《空气源、地源热泵热水系统选用与安装》06SS127 未说明条形基础材质及高度。现统一为条形基础高度高出屋面完成面 300mm，材质为 C25 钢筋混凝土。

2.38　自动喷水灭火系统平面为了图面清晰，可以拆分为喷头布置＋定位平面图以及喷头、管线＋管径平面图两套图纸。

2.39　针对建筑楼层标高不一致时，各架空管线标高表示方式

2.39.1　图面注明 F 为管线所在处的地面标高，直接 F＋离地高度（注明绝对标高）；

2.39.2 图面注明 F 为楼层最低处（注明绝对标高）的地面标高，楼层标高变化处（如地面升高 0.5m）表示为 F＋0.5＋离地高度。

2.40 装修工程

2.40.1 原土建图面不需要拆除且可延续用的管线，为与装修设计新调整或增设的管线区分，则装修设计管线、标识、标注图层后缀增添-装修。另外，图面装修设计管线与原土建管线线型区分，并在图例中说明，图面管线上附带增设管段部分文字说明。

2.40.2 装修工程如果只是出平面图，不出系统原理图或轴测图，图面立管转换必须注明：由某层引上以及高位水平转换上行至某层（一般水源由下而上）或由某层引下以及高位水平转换下行至某层的字样。

2.41 止回阀不应安装在水流方向自上而下的给水立管上；减压阀不能安装在水流方向自下而上的给水立管上。

第3章 给 水

3.1 市政给水引入管管径按直供区设计秒流量以及加压区补水小时用水量核定。如果项目很小，用水量较少，计算管径小于 $DN100$ 时，则市政给水引入管径直接取 $DN100$，满足《消防给水及消火栓系统技术规范》GB 50974—2014 第 4.3.3 条消防水池进水管管径应经计算确定，且不应小于 $DN100$ 的要求。

3.2 给水回流污染危害程度以及防污设备的选用

双止回阀倒流防止器只能适用于低回流危害程度场所，减压型倒流防止器适用于虹吸回流、背压回流等任何场所（表 3.2）。

给水回流污染危害程度以及防污设备的选用　表 3.2

生活饮用水与之连接的场所、管道、设备	回流危害程度			备注（最低挡）
	低	中	高	
化学、病理、动物实验室	—	—	√	—
医疗机构医疗器械清洗间	—	—	√	—
（直供）消火栓系统	—	√	—	低阻力倒流防止器
简易喷淋系统	√	—	—	双止回阀倒流防止器
（接自生活给水消防）软管卷盘	—	√	—	压力型真空破坏器
消防水箱（池）补水	—	√	—	空气间隙
消防水泵直接吸水	—	√	—	低阻力倒流防止器
小区生活饮用水引入管	√	—	—	双止回阀倒流防止器
生活饮用水有温、有压容器（水加热器）	√	—	—	双止回阀倒流防止器
叠压供水	√	—	—	双止回阀倒流防止器
中水、雨水等再生水水池（箱）补水	—	√	—	空气间隙

生活饮用水与之连接的场所、管道、设备	回流危害程度			备注（最低挡）
	低	中	高	
游泳池补水、水上游乐池等	—	√		空气间隙，不达标时增设压力型真空破坏器
循环冷却水集水池等	—	—	√	
水景补水	—	√	—	
垃圾中转站冲洗给水栓	—	—	√	
无注入任何药剂的喷灌系统	√	—		双止回阀倒流防止器
冲洗道路、汽车冲洗软管	√	—		大气型真空破坏器

注：摘自《建筑给水排水设计标准》GB 50015—2019 附录 A。

3.2.1 低回流危害程度场所可选用双止回阀倒流防止器，地下安装。

市政给水水源接至区内生活直供、半容积式换热器、叠压供水。

3.2.2 中回流危害程度场所可选用低阻力倒流防止器，地上安装。

市政给水水源接至区内直供的室内或室外消火栓给水系统、消防水池、消防水箱。

3.2.3 高回流危害程度场所选用减压型倒流防止器，地上安装。

《建筑给水排水设计标准》GB 50015—2019 附录 A 针对高回流危害程度场所的虹吸回流防污措施有空气间隙、减压型倒流防止器和压力型真空破坏器。

虹吸回流发生的场所一般为孔口或管嘴出流时，阀门开关关闭时阀门开关后管段压力降低或产生负压而引起的回流，如循环冷却塔集水池补水、中水、雨水等再生水水箱（池）补水、水景补水、垃圾房软管冲洗给水等，补水优先要求满足空气间隙，但考虑到施工及后期维护的不确定性，特别是雨水回用设施、风景园林专项设计单位有时对规范掌握得不够严谨，建议增设压力型倒流防止器，图面文字注明如审图专家以重复设置不认可，再取消；垃圾房软管冲洗给水龙头处注明采用压力型真空破坏器组合水嘴，可参见图集《真空破坏器选用与安装》12S108-2 第 33 页。

3.3 小区项目市政给水引入管处设置 3 只水表，分居民生活给水、消防给水（一路进水）、非居民给水（含沿街商业、绿化、人防等用水）。

公共建筑项目市政给水引入管处设置两只水表，分公共建筑生活给水（含绿化、人防等用水）、消防给水（一路进水）。如果地方消防用水和公共建筑生活用水水价一样，且生活给水和消防给水可共用总水表，则市政给水引入管处设置总水表，消防给水由总水表后设置三通，消防给水管路单独设置低阻力倒流防止器阀组。

3.4 如果项目从市政给水上仅引入一路给水管，生活给水可设置止回阀，如果审图专家不认可，再改换为双止回阀倒流防止器；消防给水直接设置低阻力倒流防止器；绿化给水一般为无注入任何药剂的地上式喷灌系统，设置双止回阀倒流防止器。

3.5 沿街公共卫生间可能不吊顶，建筑内卫生间一般均会吊顶，为防止不吊顶，高位架空给水干管、支管可贴墙 100～150mm 敷设，避免空中给水管布置得像蜘蛛网状。

公厕（公园里的、马路边的、广场上的、建筑物一层对外的公厕），单层建筑，一般不吊顶，给水管可以在垫层内敷设，但注意避开地漏、器具下水管（给水支管偏置洁具正面中心 200mm 至墙面开竖槽做引上管）。

除沿街独立商铺一洗一蹲的卫生间可沿低位局部开水平横槽敷设管线外，其他均考虑吊顶内敷设，含住宅。

毛坯住宅，如设置给水明管，可设置为低位明管敷设；精装住宅、酒店客房、公共卫生间、餐饮厨房等均考虑给水高位敷设，竖向开槽，局部开短水平沟槽；实验室降板 50～80mm，不大于 DN25 给水支管，垫层内敷设；餐饮厨房用水点较多，不大于 DN25 给水支管可考虑在降板垫层内敷设。

释义：《砌体结构工程施工质量验收规范》GB 50203—2011
第3.0.11条，"设计要求的洞口、沟槽、管道应于砌筑时正确
留出或预埋，未经设计同意，不得打凿墙体和在墙体上开凿水
平沟槽。宽度超过300mm的洞口上部，应设置钢筋混凝土过
梁。不应在截面长边小于500mm的承重墙体、独立柱内埋设管
线。"条文说明第一款："在建筑工程施工中，常存在各工种之
间配合不好的问题，例如水电安装中的一些洞口、埋设管道等
常在砌好的砌体上打凿，往往对砌体造成较大损坏，特别是在
墙体上开凿水平沟槽对墙体受力极为不利。"

图集《建筑给水塑料管道安装》11S405-1第6.2条，管道
嵌入墙体内敷设，应预留管槽；未预留管槽时在墙体横向开凿
长度不得超过300mm。依据图集《建筑给水塑料管道安装通用
详图》11S405-4第22页图示开凿沟槽深度为小于或等于45mm
且不大于1/3墙厚，可以理解如果结构墙外有面层厚度h，其敷
设的给水支管管径可以为25mm+h。

3.6 洗手盆冷、热用水点角阀、淋浴器冷热用水点间距为
150mm。

3.7 公共卫生间洗手盆热水，可以两个洗手盆配一台小厨
宝，1.5kW；公共卫生间洗手盆、小便器均为感应式，告知电
气专业。

3.8 卫生间延时自闭式冲洗阀蹲便器给水支管$DN25$均单
根开竖槽，小便器可两两开竖槽以及水平横槽。

3.9 洗手盆依据《民用建筑绿色设计规范》JGJ/T 229—
2010第8.4.2条条文说明1洗手盆应采用感应式水嘴或延时自
闭式水嘴，洗手盆无论用什么水嘴，都在墙上预留角阀，只是
说明不一样。蹲便器依据《民用建筑绿色设计规范》JGJ/T
229—2010第8.4.2条条文说明2"蹲式大便器、小便器宜采用
延时自闭冲洗阀、感应式冲洗阀。"蹲式大便器，公共建筑项目
统一采用延时自闭冲洗阀（形同角阀），住宅套内采用低水箱
型，小便器统一采用感应式冲洗阀（图面不再显示角阀，示意

感应的方框）。

3.10 背靠背宿舍，每间宿舍需要设置水表单独计量，每处管道井内设置 2 只冷水表、2 只热水表（热水表后不要再设置回水管，否则回水支管上也要计量），采用低位设置水表、高位走管的方式。

低位暗管敷设的确难，背靠背宿舍共用的中间墙体不能两侧都开横槽，有些墙 100mm 厚，也不能开横槽。

3.11 感应式洗手盆（公共厕所）给水点（0.1L/s）服务个数与管径的对应，$DN15$，1 个；$DN20$，2 个；$DN25$，3～6 个；$DN32$，7～10 个；$DN40$，11～14 个；其他大于或等于 $DN50$（表 3.11）。

感应式洗手盆（公共厕所）给水点服务个数与管径　表 3.11

服务个数	1	2	3～6	7～10	11～14
设计秒流量（L/s）	0.1	0.3	0.60	1.00	1.40
公称管径（mm）	15	20	25	32	40
流速（m/s）	0.79	0.76	1.29	1.21	1.21

注：设计秒流量按给水点额定流量同时开启计。

3.12 食堂、餐饮厨房给水点（0.2L/s）服务个数与管径的对应，$DN15$，1 个；$DN20$，2 个；$DN25$，3～4 个；$DN32$，4～7 个；$DN40$，8～10 个；其他大于或等于 $DN50$（表 3.12）。

食堂、餐饮厨房给水点服务个数与管径　表 3.12

服务个数	1	2	3～4	4～7	8～10
设计秒流量（L/s）	0.2	0.4	0.56	0.98	1.40
公称管径（mm）	15	20	25	32	40
流速（m/s）	1.58	1.52	1.21	1.19	1.21

注：大于或等于 3 只时设计秒流量按同时给水百分数 70% 计算。

预留商铺餐饮给水管径及设计秒流量核算：1 跨 $DN25$，2 跨 $DN32$，3 跨 $DN40$，大于或等于 4 跨 $DN50$；按每跨 2 个给水点核算。

3.13 图面施工单位人员不常见的图例，如倒流防止器、热水用平衡阀等图例必须引出文字注明双止回阀倒流防止器、低阻力倒流防止器、减压型倒流防止器、平衡阀，防止现场错装、漏装。

3.14 水泵组配置

住宅、公寓、酒店等居住类建筑竖向供水必须一区一水泵组考虑；公共建筑不超过 100m 时，可以考虑一水泵组到顶，分区减压。

3.15 水表设置

3.15.1 一栋楼一总水表；设置集中生活水泵房供水的建筑群，各建筑直供区、加压区引入管处各自设置总水表。

3.15.2 按不同用途和不同付费单位设置水表。如教学楼楼层会有多处分散教室用水点，可与就近的卫生间共用一处楼层水表，各教室设置阀门，无须教室计量。

3.16 给水立管楼层水平出水管及户内水表高度

住宅水表设置高度 0.25～1.0m，最高不宜大于 1.5m（图 3.16-1）。

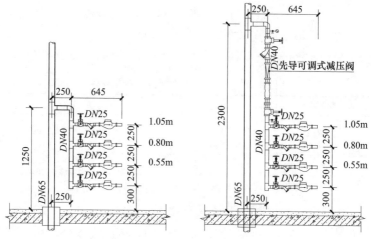

图 3.16-1　住宅水表井安装示意

商铺、公共卫生间水表，高度 0.5m 或 1.0m 设置，方便抄表及查看，即便用远传水表。

公共卫生间管道井内水表布置标准模块（净尺寸依据水表组的长度）：两根给水立管、一根污水立管、1 根通气立管（图 3.16-2）。

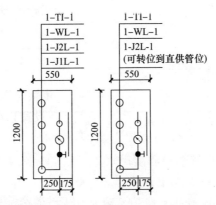

图 3.16-2 公共卫生间管道井内水表布置

无管道井小型卫生间，低位水表（距地 0.5m 高）、水表后上升管段，即便明装靠墙，也不影响美观，如图 3.16-3 所示。

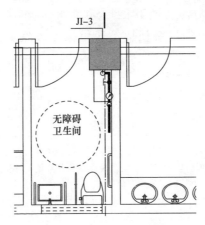

图 3.16-3 无管道井小型卫生间水表布置

酒店客房分散式管道井给水立管出水管位统一低位，冷水0.25m高，热水0.35m高，设置阀门，背靠背两间客房立管也是一处出水，分两间布水（星级酒店需根据机电顾问指导原则设计），再上行至高位，开竖槽到低处用水点；如有分散式服务间用水，高度可0.5m或1.0m设置，再上行至高位。

水表尺寸见表3.16。

水 表 尺 寸 表 3.16

公称直径（mm）	水表	公称直径（mm）	水表	公称直径（mm）	水表
DN15	165mm	DN25	225mm	DN40	245mm
DN20	195mm	DN32	230mm	DN50	280mm

注：水表尺寸摘自图集《常用小型仪表及特种阀门选用安装》01SS105 第 8 页、图集《倒流防止器选用及安装》12S108-1 第 9 页。

3.17 经济型连锁酒店用水定额取值参见《旅馆建筑设计规范》JGJ 62—2014 中表 6.1.2、表 6.1.3，客房均设置卫生间，按用水定额最低档取值，冷水用水量定额为 $200\sim300$L/（d·床），热水用水量定额为 $100\sim120$L/（d·床）。表 6.1.2 中的用水定额仅为旅客洗浴、冲洗、饮用等用途的用水，不包括本条第 2 款第 2 项所列举的项目用水量，而这些项目的用水应另行计算，并与表 6.1.2 的用水量合并叠加作为酒店的总用水量。

目前社会上的经济便捷酒店可按三级旅馆标准确定用水定额。

3.18 用水量表格

3.18.1 最高日用水量 Excel 公式表格（表 3.18-1）。

最高日用水量 表 3.18-1

序号	用水项目	用水计算单位数	单位	最高日用水定额	单位	最高日用水量（m³/d）	使用时间（h）	小时变化系数 K	最大时用水量（m³/h）
1	餐饮	1250	人次	50	L/（人·次）	62.50	12	1.5	7.81
2	商业	487.8	m²	8	L/（m²·d）	3.90	12	1.5	0.49

续表

序号	用水项目	用水计算单位数	单位	最高日用水定额	单位	最高日用水量 (m³/d)	使用时间 (h)	小时变化系数 K	最大时用水量 (m³/h)
3	管理人员	100	人	50	L/（人·d）	5.00	8	1.5	0.94
4	地下车库	24931	m²	3	L/（m²·d）	74.80	6	1	12.47
5	分计	—				146.20	—	—	21.70
6	冲洗道路、铺装用水	12458	m²	2	L/（m²·d）	24.92	6	1	4.15
7	绿化用水	4973	m²	2	L/（m²·d）	9.95	6	1	1.66
8	未预见水量（10%）	1250	按表5~7项之和的10%计算			18.11	—	—	2.76
9	总计	487.8	—			199.17	—	—	30.27

给水计算分为除冲洗道路、铺装及绿化用水外的生活给水，含地下车库冲洗用水；给水表格内总计为给水综合用水量（表3.18-2）。

给水综合用水量　　　　　　　　　表 3.18-2

给水综合用水量		
生活用水量	冲洗道路、铺装及绿化用水	未预见水量

释义：表格设置只是为了方便统计生活污水、废水排水量，地下车库冲洗用水一般排放室外雨水检查井，不再归为生活污水、废水排水，直接由分计量减掉即可（表3.18-3）。

污水、废水排水量　　　　　　　　表 3.18-3

生活用水量分计量扣除地下车库冲洗用水量	不考虑未预见

如地下车库冲洗用水排至室外污水管网，则归为生活污水、废水排水量内。

3.18.2 平均日及全年用水量 Excel 公式表格（表 3.18-4）

平均日及全年用水量 　　　表 3.18-4

序号	用水项目	用水计算单位数	单位	用水定额单位	单位	用水天数 (d/a)	用水量	
							平均日 (m³/d)	全年 (m³/a)
1	餐饮	1250	人	15	L/(人·次)	365	50.00	18250.00
2	商业	487.8	m²	5	L/(m²·d)	365	2.93	1068.28
3	管理人员	50	人	25	L/(人·d)	252	2.00	504.00
4	地下车库冲洗	24931	m²	2	L/(m²·次)	24	49.86	1196.69
5	冲洗道路、铺装用水	12458	m²	0.4	L/(m²·次)	30	6.23	186.87
6	绿化用水	4973	m²	2	L/(m²·d)	—	9.95	—
7	绿化用水	4973	m²	0.28	m³/(m²·年)	—	—	1392.44
8	小计						120.96	22598.28
9	未预见水量	按表 1～7 项之和的 10%计算					12.10	2259.83
10	合计	—	—	—	—	—	133.06	24858.11

地下车库冲洗、绿化、冲洗道路以及铺装用水均单列计算。

3.19 市政给水水压不能直供补水至高位冷却塔集水盘时，采用单独的变频恒压设备补水，默认不采用工频水泵补水。

3.20 地下车库如果设置地面冲洗给水，可按车库每防火分区 4000m² 设置一处冲洗龙头，近电梯或楼梯周边排水或地漏处，非车库区域外的小面积防火分区不再设置。地下车库冲洗龙头采用大气型真空破坏器组合水嘴，公称直径 DN25。

3.21 地下车库地面冲洗给水是否采用单独一条管路，视水源情况而定，如果采用雨水回用水，采用单独一条管路，如果采用市政自来水，可与地下车库其他生活用水共用管路，每处冲洗给水处单独设置水表计量，并注明采用大气型真空破坏器组合水嘴，水表距地 1m。

3.22　地下空间或地上建筑由室外引入的给水管，阀门设置在室外。如建设方有要求，可设置在地下外墙内引入管处或地上建筑给水立管底部。

3.23　生活水箱、消防水池进水遥控浮球阀以往低位设置是为了检修方便，现在默认为高位设置。

第4章 热 水

4.1 上午、下午均匀用热水的场所，如食堂、餐饮等太阳能热水系统，太阳能集热、供热罐容积按中午、晚上两餐分时段利用太阳能辐照量（可按各占全天的 1/2 计）计算，热水用量取一餐计，其太阳能集热、供热罐容积可减小为全日的 1/2。

注意太阳能集热器的面积分时段计算和全日计算结果是一致的。

4.2 《建筑给水排水设计标准》GB 50015—2019 第 6.6.3 条公式中年平均冷水温度取值，部分地区年平均冷水温度取值见表 4.2。

部分地区年平均冷水温度取值   表 4.2

地区	年平均冷水温度	出处
上海市	15℃	《太阳能与空气源热泵热水系统应用技术标准》DG/TJ08—2316—2020 第 5.3.4 条
江苏省	各市不一样，大致 18~20℃	《太阳能热水系统与建筑一体化设计标准图集》苏 J28—2017 第 10 页表 9.4.2-2
浙江省	以月份冷水平均温度计	《太阳能与空气源热泵热水系统应用技术规程》DB33/1034—2016 第 5.2.6 条以及附录 B
广西	各市不一样，大致 7.5~14.9℃	《广西太阳能热水系统与建筑一体化工程设计、安装与验收规范》DBJ45/008—2012 第 4.2.4 条以及附录 A

4.3 减压阀设置位置对管网中热水循环的影响

减压阀设置位置对管网中热水循环的影响见表 4.3。

4.4 涂塑钢管不能用于热水，衬塑钢管可用于热水，需注明内衬塑料的材质，如 PPR，见图集《建筑给水复合金属管道安装》10SS411 第 3 页。

减压阀设置位置对管网中热水循环的影响　　表 4.3

减压阀设置位置	支管上设置减压	分立管上设置减压	干管上设置减压
半循环影响	不影响立管、干管循环	可以为热水罐在下部的半循环，回水管最好在热水罐处再汇总	可以为热水罐在下部的半循环
全循环影响	影响支管循环	—	
全循环的妥协措施	热水罐必须在下部，热水上行下供，楼层回水支路各自设置止回阀，下行至热水罐，或者回水支管单独下行至下部回水干管上	—	—

第5章 室内生活排水

5.1 通则

5.1.1 排水干管水平管段转向处是否设置清扫口（检查口）或管堵，视情况而定，污水干管、屋面雨水干管设置清扫口（检查口）或管堵，而干净、不会堵塞的非生活污水管线、废水类的排水管线，如管道井地漏排水、机房地漏排水、消防排水、生活水池（箱）排水、游泳池放空排水、空调冷凝排水、室内水景排水、无洗车的车库和无机修的机房地面排水等可不设置清扫口（检查口）或管堵，注意水流转角处采用45°斜三通与45°弯头组合或直接由两只45°弯头组合的135°管件，确保水流转角为135°。

5.1.2 压力排水立管以及立管底端间接排放的无存水弯、无水封排水立管可以不设置伸顶通气，如自动喷水灭火系统泄水立管、自动喷水灭火系统末端试水漏斗排水立管、地下车库楼层无水封地漏排水立管、空调外机位冷凝水立管、敞开式阳台无水封地漏雨水立管、管道井无水封地漏排水立管。

排水立管底端间接排放，防止室外臭气串入管道井。自动喷水灭火系统末端试水漏斗连接管段没有水封，建议末端间接排放，另排水立管依据图集《自动喷水灭火系统设计》19S910第62页、第96页设置伸顶通气。管道井排水如采用密闭地漏，其排水立管排水出户管可以与室外雨水口、雨水检查井连接，除地方特殊规定不允许外。

管道井排水模式建议采用：（1）无存水弯直通地漏＋伸顶通气＋间接排水；（2）无存水弯密闭地漏＋管道井内通气＋间接排水；（3）无存水弯密闭地漏＋伸顶通气＋直接排水至雨水口或排水沟；（4）无存水弯直通地漏＋伸顶通气＋立管断接至一层密闭地漏＋直接排水至雨水口或排水沟。

释义：自动喷水灭火系统末端试水漏斗排水立管末端是否间接排放目前规范没有条文规定，《建筑给水排水设计标准》GB 50015—2019 第 4.3.6 条条文说明将管道井排水归为事故排水，建议设置无水封直通式地漏，正文已明确连接地漏的排水管道应采用间接排水，管道井无水封地漏排水立管、自动喷水灭火系统末端试水漏斗排水立管末端间接排水可以防止室外雨水管道内污浊空气进入室内管道井。空调机冷凝水排水立管为什么要间接排水，见《建筑给水排水设计标准》GB 50015—2019 第 4.4.12 条条文说明，空调机冷凝水排水虽然排至雨水系统，但雨水系统也存在有害气体和臭气。

5.1.3　带翻边的空调板以及设备平台、阳台、露台雨水排水，均采用无水封直通地漏，排水做法以及阳台地漏位置如下：

优先：排水立管间接排水至散水、明沟，则管道内不存在《建筑给水排水设计标准》GB 50015—2019 第 4.4.11 条条文说明，正压值（排水立管竖向冲击点必然是正压，由于立管底端口是开敞散排，不会造成管内气压是正值）造成靠近转向处的水平横支管水封破坏，再者本身就没有水封，所以不考虑 600mm、1500mm 距离问题，地漏下横支管不设置存水弯，立管不用伸顶通气。

带翻边的空调板排水立管、单独的 Y 接口冷凝水立管，考虑立管内水量较少，不存在返溢问题，立管随意转换，楼层接口只要能连接就可以。

其次：仅设置地漏且不连接 Y 形接口的空调板以及设备平台排水立管、阳台、露台雨水排水立管可埋地排至室外雨水口、明沟，则地漏下横支管不设置存水弯，立管建议伸顶通气；除阳台外，仅设置地漏且不连接 Y 形接口的空调板以及设备平台排水立管、露台雨水排水立管也可埋地排至室外雨水检查井。

阳台地面向内找坡，见图集《住宅建筑构造》11J930 第 F37 页、第 F45 页，也可以向外找坡设置地漏，立管位置仍按图集示意。

设备平台术语参见《天津市建筑飘窗、设备平台及阳台建筑面积规划计算规则》（天津规建字〔2009〕584号）第四条，供空调室外机、热水机组等设备搁置、检修且与建筑内部空间及阳台不相连通的对外敞开的室外空间。

如设备平台与建筑内部空间有门或窗相连通，平台雨水排水做法也可以参考。

5.1.4 混凝土雨篷泄水管位置距墙外240mm，见图集《住宅建筑构造》11J930第F28页。

5.1.5 住宅水表管道井必须设置地漏，公共管道井可以设置地漏或不设置地漏；自动喷水灭火系统水流指示器后泄水直接接至泄水立管；自动喷水灭火系统末端试水排水至漏斗，可以和管道井地漏排水合用一根排水立管。

自动喷水灭火系统泄水能否和管道井地漏排水或末端试水漏斗排水共用排水立管，暂不考虑。

5.1.6 住宅管道井地漏排水立管不可以借用消防电梯专用集水坑排水，如无法解决时，可采用如下方法：

（1）带地下空间的住宅管道井地漏排水立管排至地下空间单独设置的集水坑或借用非机动车库集水坑等。

（2）如果地下空间为人防区域的多层住宅，地下空间仅楼梯区域为非人防区域。排水困难时，可一层密闭地漏以及排水立管出户管敷设区域可采取降板降梁措施。

（3）如果地下空间为人防区域的高层住宅，地下空间仅消防电梯（含消防电梯集水坑）、楼梯区域为非人防区域，排水困难时，可一层密闭地漏以及排水立管出户管敷设区域可采取降板降梁措施。

（4）不带地下空间的住宅，与结构专业协调，排水出户管敷设区域降梁，管道井地漏直接排至室外散水、绿地或室外雨水管网。

（5）针对江苏省住宅项目，参考《2020年江苏省建设工程施工图设计审查技术问答》给水排水第2条做法"一层以上间接排水至一层地漏，一层采用密闭地漏以及存水弯，再排入室外散水、绿地或室外雨水管网"。如果地下空间为人防区域，排水出户管敷设区域可采取降板降梁措施。

5.1.7　首层没有排水支管连接的排水立管，主（专用）通气立管底端距地 300mm 高与排水立管斜向连接。

5.1.8　公共场所洗手盆排水点（0.1L/s）服务个数与管径的对应，$DN50$，1～6 个；$DN75$，7～20 个；其他 $DN100$。

排水立管伸顶通气时，公共场所洗手盆排水点（0.1L/s）服务个数、设计秒流量与最小坡度时横管管径的对应见表 5.1。

公共场所洗手盆排水点服务个数、设计秒流量与最小坡度时横管管径

表 5.1

服务个数	1～2	3～4	5～10	11～20	21～72
设计秒流量（L/s）	0.2	0.36	0.52	0.69	1.22
管径（mm）	50	50	50	75	75
坡度	0.012	0.012	0.012	0.007	0.007
横管排水能力（L/s）	0.52	0.52	0.52	1.22	1.22
立管排水能力（L/s）	—	—	—	2.00	2.00

注：1. 排水设计秒流量依据《建筑给水排水设计标准》GB 50015—2019 第 4.5.2 条公式计算，a 值取 2.0。

　　2. 设计充满度 $h/D=0.5$ 时管径对应坡度的排水能力摘自《全国民用建筑工程设计技术措施（给水排水）2009》第 4.4.8 条表-1；排水立管最大设计排水能力摘自《建筑给水排水设计标准》GB 50015—2019 表 4.5.7。

释义：参考《建筑给水排水设计标准》GB 50015—2019 第 4.3.9 条淋浴器排水点（0.15L/s）地漏管径与淋浴器服务数量，$DN50$，1～2 个；$DN75$，3 个；$DN100$，4～5 个；以及第 4.7.1 条 2，公共建筑无通气的排水支管 $DN75$ 可连接排水管径不大于 $DN50$ 的卫生器具个数不大于 3。而洗手盆排水点不同于淋浴排水点，不会有头发堵塞的可能；楼层排水支管连接的排水立管一般均会伸顶通气，平衡管道内正负压，排水支管排水在绝大部分时间里是非满流重力流，管道上部未充满水流空间

的气体与伸顶通气的排水立管内气体是流通的。至于首层排水出户管 $DN75$ 如果连接过多洗手盆排水时可以考虑环形通气或排水出户管管径采用 $DN100$。

5.1.9 餐饮场所排水常规预留管径大于或等于 $DN100$，2 跨及以上的餐饮场所以及设置排水沟的场所预留管径 $DN150$；楼层 1 跨内小型餐饮，厨房区域单独设置排水立管，其就近连接的楼层预留排水管径大于或等于 $DN75$。

餐饮场所废水设计秒流量依据《全国民用建筑工程设计技术措施 2009 给水排水》第 117 页第 4.15.6 条 5 公式计算，如地下空间设置收集废水坑，其有效调节容积也依此换算。

5.1.10 无地下空间的一层埋地预留的排水接管（如餐饮厨房场所等），竖向排水短管定位设置在最内墙角处，出地面 100mm 高，预留 $DN100/DN150$ 的排水接口，注明楼层深化设计阶段设置存水弯，未深化前管口封堵。

楼板下预留楼层用水点排水管，如仅一处排水点位，竖向排水短管可示意到楼层面 100mm 高；如预留楼层卫生间排水接管，可以绘制到预留卫生间楼板下区域，注明卫生间管道未设计前，管端设置管堵。

5.1.11 设有结合通气管的排水立管检查口要设置在污水、废水立管连接处的上侧，考虑灌水试验。

5.1.12 空调冷凝水不能连接雨水立管、阳台雨水立管。

5.1.13 室内污水出户管与雨水出户管错开不小于 500mm 的间距，方便室外检查井的设置；如排水出户管有特殊要求时，需单独注明排水坡度，未注明排水坡度的直接见设计总说明文字内容：排水管道应按图中注明的坡度或标高施工，如未注明时，均按表格内坡度安装。

5.1.14 尽可能避免建筑出入口处设置室外检查井盖。

5.1.15 重力排水出户室外管段不宜拐弯，如拐弯不可避免，出户室外管段可做 1 处 45°转向连接至室外检查井，最多做两处 45°转向衔接至室外检查井，如图 5.1-1 所示，不得采用 90°转向。

5.1.16 公共建筑首层排水出户横管长度超过 12m，必须设置通气。

厨房排水明沟外排，尽管明沟盖板开孔，但设置网框式地漏以及存水弯的排水出户管长度超 12m，也需要设置通气。

5.1.17 集水坑有效水深核实，整体浇筑的小型盖板式集水坑，顶部结构需 100mm 厚支撑板，建筑还要考虑 100mm 厚面层，相当于深度扣掉了 200mm（图 5.1-2）。

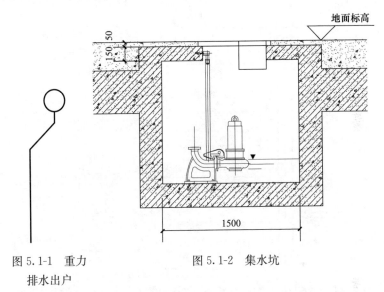

图 5.1-1 重力
排水出户

图 5.1-2 集水坑

整体浇筑的小型盖板式集水坑可直接贴墙面布置，不涉及坑边井盖支撑。

5.1.18 卫生间污水间、厨房废水间等有污染气味的集水坑需要密闭井盖，其他没有排水沟连接的没有污染气味的集水坑，其井盖均采用金属格栅井盖。

5.1.19 住宅卫生间降板同层排水、沉箱排水。图集《居住建筑卫生间同层排水系统安装》19S306，未考虑降板沉箱排水。降板也要把防水做好，做到不漏水，所以不考虑沉箱排水。注意同层排水，需要楼板预留洞口，立管位置不能预埋钢套管，避免立管上三通配件不能贴降板面。

如建设方要求沉箱排水，优先单独设置沉箱排水立管，排水出户进室外雨水管网；如不单独设置沉箱排水立管，沉箱处设置同层排水集水器，接入卫生间排水立管。

5.1.20 楼层上、下预留排水接管的表示（图 5.1-3）

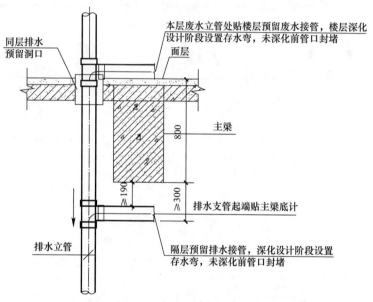

图 5.1-3 楼层上、下预留排水接管

注：对于层层餐饮厨房废水排水接管预留，图示可保留楼层上接口，删除楼层下接口。

（1）平面图文字说明应注明沿楼层地面敷设预留、楼层降板内敷设预留或楼层板下预留排水接管，简单的平面图可不绘制水平坡向排水短管及截断线，仅在排水系统原理图上表示。

（2）系统原理图绘制水平坡向排水短管及截断线，并注明楼层地面敷设预留或楼层降板内敷设预留或楼层板下预留排水接管。

（3）所有的预留排水接管处均用文字注明楼层深化设计阶段设置存水弯或水封。

5.1.21　考虑地下车库集水坑潜水泵提升地面冲洗用水排放室外雨水管网，则冲洗用水排水量不计入生活污水、废水排水量内。依据第3章3.18.1条最高日用水量表格里分计扣除地下车库用水，即为生活污水、废水排水量。

5.1.22　首层重力排水出户管标高确定

（1）首层不降板

不带地下空间，考虑现在即便单层建筑结构专业较少采用条形基础构造，则排水出户管标高由结构基础拉梁的高度确定。一般基础拉梁梁顶贴地面，排水出户管起始端从梁底开始敷设，如基础拉梁梁高小于或等于800mm，则排水出户起始端管底可控制为首层以下小于或等于950mm。也可与结构专业协商，基础拉梁是否可以降低，方便排水出户管由梁顶出户。

带地下空间，排水出户管起始端从梁底开始敷设，如梁高小于或等于800mm，则排水出户起始端管底可控制为首层以下小于或等于950mm；如果排水区域位于地下空间最外一跨，排水出户如不经过次梁，地下外墙处为钢筋混凝土墙（墙顶处无暗梁），则考虑贴板下300mm出外墙，有利于提高室外排水管网的起始端管底标高。

（2）首层降板

公共卫生间贴外墙处，可降板、降梁不大于600mm同层排水出户（注意外墙梁也同样降），排水出户起始端管底可控制为不大于600mm，有利于提高室外污水管网起始端的标高。也可异层排水出户，按5.1.22（1）条考虑排水出户管底标高。

原则上尽可能抬高排水出户管底标高；如有可能，可按排水出户室外管段管顶覆土300mm考虑。

5.1.23　同一位置不同管径的排水出户管，套管管中标高可标注一致，如$DN100$、$DN150$，则标注$DN100$的排水管底标高比$DN150$的排水管底标高$+0.025$（现统一排水管底标高小数三位）。

5.1.24　卫生间排水管，如穿主梁，一般不会穿次梁，特别注意主梁竖向穿洞位置，一定要低于次梁底。

5.1.25 《建筑给水排水设计标准》GB 50015—2019 中极端最低温度、最冷月平均最低温度、最大冻土深度、最大积雪深度的数据查询可参见《给水排水设计手册（第 1 册）常用资料（第二版）》第 144~165 页、《民用建筑供暖通风与空气调节设计规范》GB 50736—2012 附录 A（冬季通风室外计算温度见第 4.1.3 条解释为累年最冷月平均温度）。

5.2 住宅

5.2.1 住宅首层未设置洗衣机的阳台雨水单排，直接外墙底预埋公称直径 DN50 管，外排散水或绿化。

5.2.2 飘窗板不能设置地漏，如果飘窗带翻边，则翻边处直接埋管，下行 100mm 高差（不设置存水弯）再接入底端间接排水的冷凝水立管。

5.2.3 住宅建筑内部生活污水、废水立管按南、北两方向排水出户，避免一侧出户，而导致一层埋地或地下空间敷设的排水干管过长，而且容易堵塞。

释义：过去因为阳台不设置洗衣机，阳台无污水，故北侧单方向出户排水。现在家庭使用中南侧阳台会设置洗衣机，而洗衣机污水立管一般在地下空间外墙外，不把外面的立管再拐进地下一层空间或室内埋地，所以南侧排水立管需要就近排水出户；北侧是厨房、卫生间，避免北侧立管向南侧排水。

5.2.4 排水出户管可以合并。带地下空间的住宅建筑一层排水出户管过多时，为避免地下外墙设置过多的防水套管，可以就近厨房与厨房、卫生间与卫生间、阳台与阳台排水立管底部合并汇总后排水出户，并核实管道公称直径是否需要放大一档至 DN150，间距较远的排水立管需要单独排水出户。

厨房排水可以和阳台上洗衣机专用地漏排水共用排水立管。如果阳台上没有洗衣机，厨房排水与阳台雨水不可以共用排水立管（雨、污分流），即便采用存水弯，存水弯或地漏水封容易干涸。排水立管必须设置在阳台上，因为洗衣机专用地漏排水管要穿越楼板异层排水，而厨房区域不可以穿越排水支管，具体做法：排水立管靠厨房洗涤盆处墙外阳台上设置，洗涤盆排水楼层设置存水弯，水平穿墙后直接与阳台设置的排水立管连接，阳台上洗衣机地漏单独设置排水支管，楼板下与排水立管连接。

5.2.5　空调柜机、挂机内机冷凝水排水立管预留 Y 形接口顶高度，系统原理图上注明 F＋0.05、F＋2.05，柜机冷凝水一般在从 F＋0.20 高度的外墙洞口排出接至冷凝水立管预留的 45°三通内；挂机冷凝水直接从 F＋2.20（2.90m 层高的建筑预留洞口高度可能在 F＋2.30）高度的外墙洞口排出接至冷凝水立管预留的45°三通内。冷凝水立管上 Y 形接口高度低于外墙洞口高度。

5.2.6　带翻边的空调板一般设置地漏，与冷凝水 Y 形接口可以共用一根 DN50 立管。

5.2.7　空调板与阳台同标高相邻时，空调板理解为阳台；与露台同标高相邻时，空调板理解为露台，所以带翻边空调板地漏排水可以与阳台雨水共用排水立管，同理，带翻边空调板地漏排水可以与露台雨水共用排水立管，此种情况排水立管均不得设置 Y 形接口。

5.2.8　冷凝水立管设置 Y 形接口，室内机冷凝水通过 Y 形接口接入，考虑到阳台雨水、露台雨水可能会通过 Y 形接口入侵室内，此种情况不可以与阳台或露台雨水共用排水立管。

5.2.9　两户住宅间同一位置竖向上下空间设置的带翻边空调外机位，上板、下板均设置地漏。

5.2.10　住宅厨房洗涤盆排水支管高度统一 F＋0.25，参考图集《卫生设备安装》09S304 第 33 页图示为 F＋0.40。

5.2.11　住宅卫生间单立管位置尽可能近坐便器，但要设置在角落，避开卧室的内墙，占用空间 250mm×250mm；污水、废水、通三立管一般占用淋浴/浴缸区域顶端。

5.2.12　首层排水支管、干管统一为单独排至室外检查井。规范没有严禁和排水立管连接　并排水出户，但首层排水横支管与立管连接处至立管管底需要满足一定的高差。结合《建筑给水排水设计标准》GB 50015—2019 第 4.4.11 条，住宅建筑设计时默认首层与上部排水立管分开，单独排水出户。

5.2.13 为了避免住宅架空层的上一层单独排水，依据《建筑给水排水设计标准》GB 50015—2019 第 4.4.11 条，统一层数大于或等于十三层住宅建筑均设置通气立管；如果架空层层高等同于住宅层高，一般为 2.8～2.9m，仅伸顶通气时架空层的上一层也可以不考虑单独排水。

5.3 商业

5.3.1 首层菜市场或餐饮厨房排水

（1）小型餐饮厨房一般不设置排水沟排水，图面预留排水接管处注明器具排水竖向管上做存水弯。

（2）设置排水沟，异层或埋地排水出户。

设置网框式地漏以及存水弯，排水干管连接点可以按一跨一点。排水沟的布置参考图集《公共厨房建筑设计与构造》13J913-1 第 46 页、第 52 页、第 55 页，沟底坡度按《建筑地面设计规范》GB 50037—2013 第 6.0.13 条，排水沟的纵向坡度不宜小于 0.005。起点深度图集《公共厨房建筑设计与构造》13J913-1 未说明，按起点深度 200mm 计算，不同于屋面天沟起点深度 100mm。

（3）设置排水沟，同层排水出户（如下层为人防区域）。

首层降板设置排水沟，考虑排水沟的深度无法满足网筐式地漏以及存水弯的竖向尺寸，可参考山东省图集《建筑排水》L03S002 第 13 页做法，在排水沟末端出户靠外墙处 600mm 区域做同沟宽，降板 900mm（沟深 300mm＋配件及存水弯安装高度 500mm），做 DN150 网筐式地漏以及存水弯排水出户管段，安装好再回填至沟底深度，配件及存水弯安装参见图集《建筑排水设备附件选用安装》04S301 第 50 页；如有外墙梁或封边梁，降板至梁底下 200mm，且大于或等于 900mm。

排水沟末端依据《建筑给水排水设计标准》GB 50015—

2019 第 4.4.16 条做格栅网（参考图集《建筑排水设备附件选用安装》04S301 第 48 页网框的孔径 $\phi4\sim\phi6mm$，则不锈钢格栅规格方孔可为 $\phi6mm$，间距为 6mm），依据《建筑给水排水设计标准》GB 50015—2019 第 4.4.17 条条文说明，直接排水至室外钢筋混凝土水封井（内径 1000mm×1000mm）。水封井可控制井中距外墙 1.5m，水封井进、出管（统一按 $DN150$ 出管计算）的跌落差大于或等于 50mm，餐饮厨房室外废水接户管线距外墙 3.0m 敷设，生活污水接户管线再外推 1.0～1.2m。

5.3.2　出租型餐饮场所冷凝水立管公称直径 $DN50$，高位空调外机处设置地漏，如采用风机盘管或挂机，冷凝水立管不再设置 Y 形接口；如采用室内地面柜机，内机冷凝水无法排至高位空调外机处地漏，需要冷凝水立管在地面面层内连接 $DN25$ 三通，设置 $DN25$ 的排水接口并高出地面 50mm；冷凝水立管穿越楼层处预留洞口安装，不可以预埋套管，避免三通配件不能贴楼板结构面安装。

5.3.3　毗邻的空调室外机板可以共用一根冷凝水排水立管，各高位空调室外机板设置地漏，或一并预留冷凝水立管穿楼板面层内三通、四通配件，外置接口并高出地面 50mm。

5.3.4　避免餐饮厨房排水穿越他家餐饮降板区域敷设排水出户管线，以防商户装修时开挖截断。

5.3.5　大型厨房专间（冷荤间、生食海鲜间）、备餐间不设置明沟，开敞式明沟影响空间卫生。

5.3.6　平面多餐饮商家，面向开敞式连廊，其屋面雨水立管、连廊雨水立管、冷凝水立管、消火栓立管、废水出户以及消火栓箱布置如图 5.3 所示。立管尽可能沿分散柱子布置。

5.4　酒店

上部客房卫生间污水、废水立管汇总水平横干管与最底一层（可能是中间楼层）客房卫生间排水横干管分开设置，可一并汇至下部合用的排水立管出户；最底层客房卫生间单独排水干管始端通气连接至客房管道井通气立管。

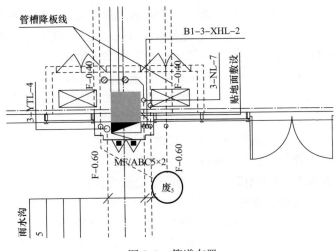

图 5.3 管道布置

5.5 地下车库

5.5.1 地下车库集水坑布置

地下车库集水坑布置见表 5.5-1。

地下车库集水坑布置   表 5.5-1

汽车车库坡道区域非机动车库坡道区域	环形坡道或每层一水平坡道，竖向上、下在同一位置	地下一层设置截水沟以及最底层设置集水坑；或地下一层设置截水沟以及降板式集水坑
	每层一水平坡道，竖向上、下不在同一位置	地下一层设置截水沟以及降板式集水坑
汽车车库区域	每 4000m² 的防火分区	含坡道坑，大致布置 4 处集水坑（或地漏），至少大于或等于 3 处，最终建筑专业确定
非机动车库区域	每 1000m² 的防火分区	含坡道坑，考虑消防排水，大致布置 2 处集水坑（或地漏），至少一处，最终建筑专业确定
设备区域	每 1000m² 的防火分区	除机房外，通道另布置 1 处集水坑（或地漏）

上、下层均为人防区域		上层设置降板式集水坑
上层非人防＋下层为人防区域		上层可设置防爆地漏或上层设置降板式集水坑。 地漏规格选用 DN100，排水慢一点可以，不会积水过深

注：降板式集水坑做法可参考图集《混凝土结构施工钢筋排布规则与构造详图（现浇混凝土框架、剪力墙、梁、板）》18G901-1 第 4-32 页。

5.5.2 地下空间集水坑潜水泵出水管段

地下空间集水坑潜水泵出水管段见表 5.5-2。

地下空间集水坑潜水泵出水管段　　　　表 5.5-2

仅地下一层的出水管段	尽可能借用分散的楼梯间侧墙或各建筑与地下空间的高低跨墙处出户，可以避免直接穿顶板。 也可以水平敷设至地下空间外墙处排出至室外检查井。 如穿顶板，图面注明刚性防水套管管口顶标高高于顶板防水构造层，穿管处并附加防水层。 水泵接合器、室外消火栓给水管穿顶板类同
地下多层的出水管段	最底层水平敷设拉至地下外墙处，上升至地下一层顶板处排出至室外检查井

穿顶板出户，图面注明刚性防水套管管口顶标高高于车库顶板防水构造层厚度，且大于或等于 150mm，穿管处附加防水层卷起高度不小于 250mm，如采用柔性防水套管可不考虑竖向高度。

5.5.3

车库楼层地漏排水立管，其最底一层立管管口距排水沟盖板 100mm 高排水或齐平无盖板排水沟沟顶排水。

5.5.4 地下空间顶板最低标高以及室外最小覆土深度

设计原则是顶板覆土内敷设的室外生活污水管道、餐饮废水管道、雨水管道相互不交叉，室外污水管道、餐饮废水管道、雨水管道最小管径 DN300，一交叉竖向高差 600mm 没了。公共建筑类地下空间顶板上的硬质铺装雨水汇集一般习惯于做雨水排水沟。

梳理地上建筑群与满堂开挖地下空间的布置关系，分3种情况讨论。

情况1：各建筑物均有一堵外墙与满堂开挖地下一层空间外墙一致或凸出地下一层空间外墙，如图5.5-1所示。

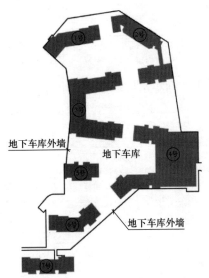

图5.5-1 建筑群与满堂开挖地下空间的布置关系（一）

各建筑与地下一层空间外墙均有一面或两面墙重叠，建筑重力排水出户管优先从此方向由首层楼板的下面空间敷设排水管道排水至室外，即地下一层空间外，避免了地下空间顶板上覆土内敷设排水管道，此种情况顶板覆土深度可由风景园林专业种植土厚度确定。

此种情况针对公共建筑适用，针对住宅项目不建议采用。住宅项目一般多采用剪力墙结构，剪力墙会落到地下空间，影响到排水管道的走向以及剪力墙套管预埋；再者住宅项目多卫生间、多厨房排水立管在地下一层空间汇总，会有堵塞的风险。

情况2：各建筑物插花式在满堂开挖地下一层空间范围内，

建筑外墙与满堂开挖地下一层空间外墙不一致，如图 5.5-2 所示。

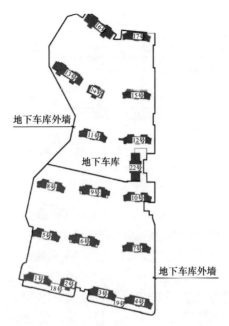

图 5.5-2　建筑群与满堂开挖地下空间的布置关系（二）

各建筑几乎与地下一层空间外墙不重叠，则建筑重力排水出户管段优先由地上建筑与地下一层空间的高低跨墙处出户至室外顶板覆土内。

以住宅项目为例（图 5.5-3），首层楼层标高为 ±0.000（室内外高差小于或等于 300mm），出户排水套管中心标高为 0.6m，则顶板相对标高为：0.65m（排水出户管 DN100 管底标高，±0.000 梁高大致为 450mm）＋0.1m（室外出户管段坡降）＋0.05m（凑整值，室外排水接户管管顶低于其他排水出户管方便跨越，已满足管顶平接的落差）＋0.3m（室外排水管管径）＋0.3m（排水管道每敷设 100m 坡降）＋0.1m（顶板防水构造层厚度）＝1.50m；则顶板覆土厚度为 1.50m－(0.15～0.3)m（室内外高差小于等于 300mm）－1.20～1.35m。

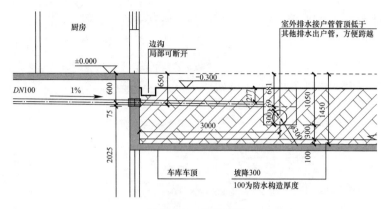

图 5.5-3　住宅项目

如公共建筑项目（图 5.5-4），±0.000 梁高大致为 800mm，出户排水套管中心标高为 0.95m，则顶板相对标高为：1.025m（排水出户管 $DN150$ 管底标高，±0.000 梁高大致为 800mm）+0.1m（室外出户管段坡降）+0.05m（凑整值，室外排水接户管管顶低于其他排水出户管方便跨越，已满足管顶平接的落差）+0.3m（室外排水管管径）+0.3m（排水管道每敷设 100m 坡降）+0.1m（顶板防水构造层厚度）= 1.875m；则顶板覆土厚度为 1.875m−（0.15～0.45）m（室内外高差小于或等于 450mm）=

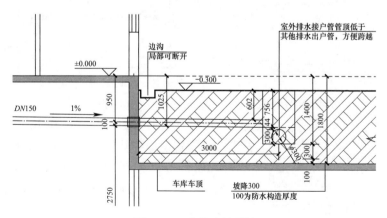

图 5.5-4　公共建筑项目

1.425～1.725m。

情况3（极端情况）：由地下一层空间敷设排水管道至外墙出户，出户排水管道管底标高可能会较低，地下空间顶板上覆土内不敷设排水管道，顶板覆土厚度不再考虑。

5.5.5 室外排水管道起始端管底/检查井井底标高最小化

室外排水管道起始端管底/检查井井底标高由建筑重力排水出户管标高决定，建筑重力排水出户管顶与室外排水接户管道管顶平接，按不考虑其他排出管跨越的情况推算室外排水管道起始端管底/检查井井底标高的极限值。

建筑周边如设置雨水排水沟过深，重力排水出户管穿越排水沟或排水沟基础处，排水沟断开处理。

（1）住宅建筑一般排水出户管公称直径DN100，出户排水套管中心标高为0.6m，则顶板相对标高为：0.65m（排水出户管管底标高，±0.000梁高大致为450mm）+0.1m（室外出户管段坡降）+0.20m（室外排水接户管与排水出户管管顶平接时的管底落底，已含室外排水接户管公称直径DN300）=0.90m，则室外排水接户管道起始端管底标高为-1.0～-0.9m，如图5.5-5所示。

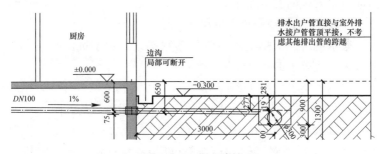

图5.5-5 住宅建筑

（2）公共建筑排水出户管公称直径DN150，出户排水套管中心标高大致在-0.95～1.0m，则顶板相对标高为：1.025m（排水出户管管底标高，±0.00梁高大致为800mm）+0.1m（室外出户管段坡降）＋0.15m（室外排水接户管与排水出户管管顶平接时的管底落底，已含室外排水接户管公称直径 $DN300$）＝1.275m，则室外排水接户管道起始端管底标高为－1.40～－1.30m，如图 5.5-6 所示。

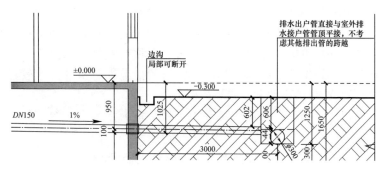

图 5.5-6 公共建筑排水出户管设置

（3）如果室内外高差比较大，重力排水出户管道需要满足管顶覆土深度大于或等于 300mm 以及室外绿化内排水接户管道需要满足管顶覆土深度大于或等于 300mm，或者人行道以及车行道下需要满足管顶覆土深度大于或等于 600～700mm，可在前面讨论的基础上增加深度。

5.5.6 地下空间集水坑尺寸

集水坑尺寸依据潜水泵流量参数确定，集水坑的有效容积要求大于或等于潜水泵流量参数/12。

示例：集水坑尺寸 2000mm（L）×1500mm（B）×1500mm（h），有效水深、有效容积以及与潜水泵流量参数的匹配：

有效水深为 1.5m－0.35m（坑底无效水位）－0.1m（报警水位到盖板底高差）－0.1m（盖板厚）＝0.95m；有效容积为 $2m×1.5m×0.95m＝2.85m^3$。

流量 $25m^3/h$ 的潜水泵需要的有效容积为 $25/12＝2.08m^3 \leqslant 2.85m^3$，满足要求。

集水坑尺寸 2000（L）×2000（B）×1500（h），有效水深、

有效容积以及与潜水泵流量参数的匹配：

有效水深为 1.5m－0.35m（坑底无效水位）－0.1m（报警水位到盖板底高差）－0.1m（盖板厚）＝0.95m；有效容积为 $2m \times 2m \times 0.95m = 3.8m^3$。

流量 $40m^3/h$ 的潜水泵需要的有效容积为 $40/12 = 3.33m^3 \leqslant 3.8m^3$，满足要求。

（1）地下车库区域集水坑潜水泵流量参数默认取值 $25m^3/h$（Q 参数不作讨论，地下车库所有防火分区集水坑潜水泵可一起参与排水，地下车库空间较大的也有取 $10m^3/h$ 或 $15m^3/h$ 的），集水坑默认尺寸为 $2000mm(L) \times 1500mm(B) \times 1500mm(h)$。

地下车库一般自动喷水灭火系统设计秒流量为 30L/s（二层机械车库 40L/s），室内消火栓给水系统设计秒流量为 10L/s，总 40L/s，按《〈消防给水及消火栓系统技术规范〉GB 50974—2014 实施指南》第 172 页要点说明一般消防排水量可按消防设计秒流量的 80% 计算，则消防排水设计秒流量为 32L/s（$115.2m^3/h$），地下汽车库每 $4000m^2$ 左右划分一防火分区，每防火分区设置 3～4 处集水坑，每处集水坑潜水泵承担的排水设计秒流量为 28.8～$38.4m^3/h$，考虑其他防火分区集水坑潜水泵参与排水，默认潜水泵流量取值 $25m^3/h$，一用一备。

车行道处排水沟贴沟底预埋柔性铸铁管 $DN150 \sim DN200$，回填做地面。

（2）消防电梯集水坑尺寸 $2000mm(L) \times 2000mm(B) \times 1500mm$（h 为基坑下深度）；消防水泵房集水坑尺寸 $2000mm(L) \times 2000mm(B) \times 1500mm(h)$；生活水泵房集水坑尺寸：水箱进水管 DN100 时，尺寸 $2000mm(L) \times 2000mm(B) \times 1500mm(h)$；水箱进水管 DN150 时，尺寸 $2500mm(L) \times 2000mm(B) \times 1500mm(h)$；报警阀集水坑尺寸 $2000mm(L) \times 1500mm(B) \times 1500mm(h)$；局部区域集水坑深度可以减小。

（3）汽车坡道雨水集水坑尺寸：先计算坡道雨水降雨流量选用潜水泵参数，再按潜水泵 5min 出水量考虑集水坑有效容积，最小尺寸为大于或等于 2000mm（L）×1500mm（B）×1500mm（h），除上海市的项目外，坡道雨水集水坑可以与地下车库区域共用。计算坡道雨水秒流量时特意注意坡道侧有地上外墙雨水汇入的情况，优先与建筑专业协调室外外墙处设置汇水沟，单独重力排水至室外雨水管网。

（4）餐饮废水间提升或房间地面冲洗用废水坑（非油、污分离器设备下沉安装用坑，设备安装用坑采用预制井盖）尺寸为≥1800mm(L)×1200mm(B)×1500mm(h)（潜水泵参数取 $Q\geqslant$ 15m³/h）；污水间污水坑尺寸为≥1800mm(L)×1200mm(B)×1500mm(h)（潜水泵参数取 $Q\geqslant$ 15m³/h）；污、废水集水坑防臭，采用密闭井盖；换热站、空调、新风机房集水坑尺寸为 1800mm(L)×1200mm(B)×1500mm(h)（潜水泵参数取 $Q=$ 15m³/h）；盖板采用整体浇筑式，有效调节水深度要扣除板厚 100～150mm。

除卫生间集水坑、厨房集水坑外，不设置排水沟的集水坑均需要采用金属格栅井盖。

小型餐饮业排出的废水可以重力或提升排水排至室外混凝土隔油池，星级酒店、重要公共建筑采用地下空间坑内油、污分离器一体化提升设备或地下空间坑内提升设备以及地面油、污分离器；采用预制盖板，为了清掏、维修方便。

（5）室外自动扶梯基坑排水设置的集水坑深度为扶梯基坑下 1000mm，位置避开扶梯，尺寸 2000(L)×1500(B)×1000(h 为基坑下深度)。

5.5.7 地下车库集水坑排水性质和泵组参数一致的潜水泵出水管可按 2 处考虑汇总，管径汇总后为 DN150，困难情况下可以按 3 处考虑，流速参照《全国民用建筑工程设计技术措施 2009 给水排水》第 115 页小于或等于 2.0m/s（表 5.5-7）。

5.5.8 地下最底层消防电梯集水坑潜水泵排水立管可直接就近楼梯内设置，首层板下排至室外明沟或雨水检查井。

泵 组 参 数 表 5.5-7

流量 (m³/h)	管径 (mm)	流速 (m/s)	沿程单位 水损 (m/m)	流量 (m³/h)	管径 (mm)	流速 (m/s)	沿程单位 水损 (m/m)
15	DN65	1.178	0.043	40	DN100	1.276	0.029
15	DN80	0.831	0.018	40	DN150	0.588	0.005
25	DN80	1.385	0.047	50	DN100	1.595	0.044
25	DN100	0.797	0.012	50	DN150	0.735	0.007

注：1. 出水管管径摘自图集《小型潜水排污泵选用及安装》08S305 第 30～33 页。

2. 单一集水坑一用一备潜水泵出水汇总管管径可不用放大。

5.5.9　人防区域集水坑潜水泵出水管，可以就近拉至非人防的楼梯区域，水平管道设置的防护阀门以及刚性套管，直接排水至地下车库顶板区域室外明沟或雨水检查井；地下一层的人防区域集水坑潜水泵出水管也可以直接竖向设置防护阀门以及柔性套管，直接排水至地下车库顶板区域室外明沟或雨水检查井，或地下多层的最底层人防区域集水坑潜水泵出水管拉至外墙处竖向设置防护阀门以及刚性套管到上部非人防区域，再排水至室外明沟或雨水检查井。

5.5.10　地下多层的车库，其地下最底层以上楼层的自动喷水灭火泄水、末端试水点，可以在建筑专业已布置地漏的基础上增设，无需排至建筑专业已布置的地漏点。

5.6　卫生间

5.6.1　卫生间环形通气管，统一由排水支管起始端两只卫生器具之间接出找墙角上升，吊顶内汇总至管道井通气立管。单一点处环形通气管管径 DN50，多点处环形通气汇总管管径依据其卫生间衔接至排水立管处排水支管管径匹配。

5.6.2　卫生间小便器排水管楼板处洞口需要核实偏出梁侧，不然下行碰梁无法施工，和建筑专业协调做厚 100mm、高1500mm 的背墙（或称为假墙），安装参见图集《卫生设备安装》09S304 第 105 页。

如楼层降板 50mm 厚度，小便器排水可墙内竖向下行至楼层降板垫层外拐避开梁后再下穿楼板。

5.6.3 公共卫生间楼层坐便器、蹲便器排水横干管管径参照《建筑给水排水设计标准》GB 50015—2019 表 4.7.1，无通气的底层生活排水支管管径 $DN100$ 可以承担小于或等于 5 个大便器，以及表注 2$DN100$ 管道除连接大便器外，还可以连接该卫生间的小便器、洗涤设备，即小于或等于 5 个大便器的卫生间排水横干管管径为 $DN100$。

排水立管伸顶通气时，公共场所坐便器、蹲便器排水点（4.5L/s）服务个数、设计秒流量与最小坡度、通用坡度时横管公称直径的对应见表 5.6。

各种关系对应表　　　　　　　　　　表 5.6

服务个数	1～4	1～5	1～15	1～24
设计秒流量（L/s）	2.52	2.64	3.47	3.99
管径（mm）	100	100	100	100
坡度	0.004	0.005	0.010	0.012
横管排水能力（L/s）	2.59	2.90	4.10	4.49
立管排水能力（L/s）	4.0	4.0	4.0	4.0

注：1. 排水设计秒流量依据《建筑给水排水设计标准》GB 50015—2019 第 4.5.2 条公式计算，a 值取 2.0。

　　2. 建筑排水硬聚氯乙烯管（PVC-U）设计充满度 $h/D=0.5$ 时管公称直径对应坡度的排水能力摘自《全国民用建筑工程设计技术措施 2009 给水排水》第 4.4.8 条表-1；排水立管最大设计排水能力摘自《建筑给水排水设计标准》GB 50015—2019 表 4.5.7。

　　3. 核实横管与立管同管径时，依据排水立管最大排水能力选用坐便器、蹲便器排水点数量。

理论计算供参考，坡度一定，排水横支管的排水能力是限制的，排水立管仅伸顶通气时楼层 $DN100$ 的排水管径默认承担 15 只冲洗水箱大便器排水量。

5.6.4 卫生间排水支管起始端标注管底标高，一般卫生间排水支管的坡度都是标准坡度，轴侧图文字注明排水支管是楼层降板内敷设或楼层板下敷设。

5.6.5　塑料材质排水支管起始端管底标高确定，以楼层标高为±0.000计算。

（1）同层排水地面式清扫口管径 DN100 排水支管起始端管底标高为－0.197m，参见图集《建筑排水设备附件选用安装》04S301 第 13 页；同层排水专用水封地漏管径 DN100 排水支管起始端管底标高为－0.23m，参见图集《建筑排水设备附件选用安装》04S301 第 37 页、第 39 页、第 40 页；统一同层排水支管起始端管底标高为－0.23m，专用水封地漏同层排水支管须水平向 45°斜三通管顶平接接入排水横干管；上部排水立管降板垫层内转换敷设起始端管底标高可参考。

（2）异层排水无水封地漏，楼板下设置 S/P 型存水弯计，管径 DN100 排水支管起始端管底标高为－0.697m（含三通配件)/－0.495m，参见图集《建筑排水设备附件选用安装》04S301 第 23 页、第 13 页，扣掉板下安装空间 100mm，起始端管底标高为－0.6m/－0.4m。

图集《给水排水施工图设计深度图样》09S901 第 64 页公共卫生间排水支管起始端管底标高为楼层面下－0.55m，排水支管坡度核算值为 0.026；第 65 页住宅卫生间排水支管起始端管底标高为楼层面下－0.50m。

5.6.6　管径 DN50 地漏预留安装洞口为 φ200mm，可以推断地漏中心距墙必须大于或等于 100mm，参见图集《建筑排水设备附件选用安装》04S301 第 23 页。

5.6.7　同层排水支管敷设坡度

降板同层排水一般为住宅建筑，参见图集《居住建筑卫生间同层排水系统安装》19S306 第 5 页第 4.4.4 条，同层排水支管敷设坡度不得小于通用坡度（如 DN100，$i=0.012$），排水塑料管宜采用标准坡度，可以理解不选用标准坡度 0.026，按通用坡度也可以。

降板高度 150mm 排水支管沿地面敷设的示例见图集第 97

页、第 98 页，坐便器 $DN100$ 排水管贴墙面、地面明露敷设。

5.6.8 公厕（公园里的、马路边的、广场上的、建筑物一层对外的公厕），单层建筑，排水支管、干管直径参照《城市公共厕所设计标准》CJJ 14—2016，座、蹲便器排水支管、干管直径大于或等于 $DN150$，地漏选用 $DN75$，通气管管径大于或等于 $DN75$。

5.6.9 存水弯及地漏选用

除沉箱地漏、水暖管道井地漏、不设置洗衣机的非封闭阳台地漏、连廊及有反边的空调板地漏外，其他地漏均要求设置存水弯，存水弯水封深度不小于 50mm。

5.6.10 住宅建筑降板小于 300mm 内的同层排水地漏需要选用同层排水专用水封地漏，地漏水封高度不小于 50mm，不得重复设置存水弯，如选用无水封地漏，可能降板深度无法设置存水弯；降板大于或等于 300mm 的可采用无水封地漏以及设置 P 型存水弯。

5.6.11 公共卫生间一般异层排水，均采用存水弯以及无水封地漏。

5.6.12 蹲便器按《绿色建筑评价标准》GB/T 50378—2019 第 5.1.3 条 3 要求，均需自带水封构造。现图面绘制统一选用图集《卫生设备安装》09S304 第 83 页自带水封的前冲式蹲便器，留孔中心距离背墙完成面 680mm。

住宅、公共建筑蹲式大便器均可选用低水箱冲洗式、两挡。

第6章 雨　水

6.1　建筑外立面雨水立管见建筑专业图纸，如果给水排水图面绘制必须依据建筑专业图纸位置，建筑专业图面未绘制时必须提出来。

屋面每处重力式水落口可汇水面积为 150～200m²，天沟分水线处最小深度 100mm，沟内纵向坡度不小于 1‰，单向排水沟长不大于 20m，参见《屋面工程技术规范》GB 50345—2012 第 4.2.6 条、第 4.2.11 条以及条文说明；《建筑给水排水设计标准》GB 50015—2019 第 5.2.9 条要求天沟宽度不宜小于 300mm，并应满足雨水斗安装要求，坡度不宜小于 0.003。

外立面屋面雨水立管的间距一般为 18m 左右。

6.2　商业步行街建筑群以及高层建筑群外轮廓处设置雨水沟，可减少室外雨水检查井数量，也可以减少满堂开挖地下空间顶板上的内街覆土厚度。外轮廓处雨水沟方便连接屋面雨水立管、阳台或外廊雨水立管、冷凝水立管的排水。

6.3　建筑周边雨水排水沟的设置位置，需要考虑室内生活污水、废水的出户管空间（表 6.3）。

建筑周边雨水排水沟的设置位置　　　　表 6.3

首层降板时，生活污水、废水出户管降板内出户	建筑周边雨水排水沟脱离建筑大于或等于 300mm，方便生活污、废水出户管出外墙下翻至沟底再外排
首层不降板时，生活污水、废水直接由地下空间出户	周边雨水排水沟可贴建筑外墙设置

建筑周边雨水排水沟脱离建筑间距如图 6.3 所示。

6.4　室外自动扶梯基坑排水，如基坑排水管底与雨水检查井有大于或等于 300mm 的连接高差，优先重力排水至独用的室外雨水检查井；如不可以，设置扶梯基坑外侧集水坑，深度为扶

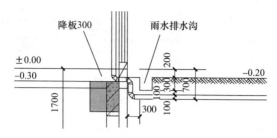

图 6.3　建筑周边雨水排水沟脱离建筑间距

梯基坑下 1000mm，潜水泵提升排至室外雨水检查井，集水坑潜水泵安装参考图集《小型潜水排污泵选用及安装》08S305 第 36 页，阀门组件设置于集水井内空间，简单易行。

满堂开挖的地下空间顶板上的室外自动扶梯基坑排水如不能重力排至雨水检查井，可排至地下空间集水坑。

特别注意：室外多层的自动扶梯，要层层考虑基坑排水。

6.5 屋面雨水立管、阳台、设备平台或外廊雨水立管、冷凝水立管排水等如散排在出入口等硬质铺装区域，室外外墙位置设置雨水口或屋面雨水直接接至周边雨水管网，如直接散排绿化的，则立管底端绿化处设置雨簸箕，管口距地 $100 \sim 150mm$，见图集《平屋面建筑构造》12J201 第 H6 页，绿化连接道路处设置雨水口。

一般阳台或者设备平台会同时设置屋面雨水立管 $DN100$ 和阳台或者设备平台雨水立管 $DN75$，阳台或者设备平台建筑完成面标高低于相邻房间 15mm，面层 50mm 厚，垫层 80mm 厚，室内外高差 300mm 时，屋面雨水立管 $DN100$ 可由阳台或者设备平台面层、垫层内敷设至室外排水，如图 6.5-1 所示。

阳台或者设备平台雨水立管 $DN75$ 需考虑间接排水至室外，如图 6.5-2 所示。

首层地面做法参见图集《住宅建筑构造》11J930 第 G3 页。

　　直接散排绿化的，需要与风景园林专业核实建筑周边绿化堆土等高线，避免堆土与建筑围合成雨水坑，导致屋面雨水散排后无法汇集到道路雨水口或下沉式绿地等海绵设施。

6.6　屋面雨水立管排放

屋面雨水立管排放见表 6.6。

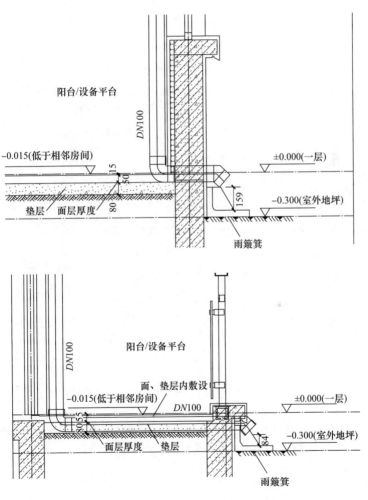

图 6.5-1　屋面雨水立管 $DN100$ 设置

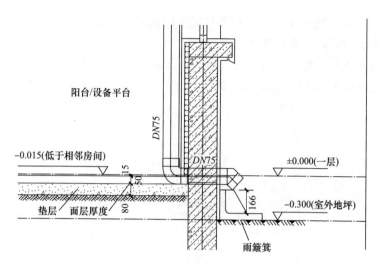

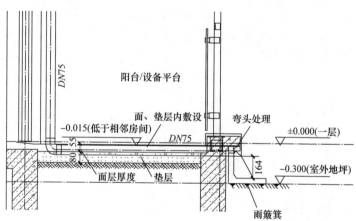

图 6.5-2　屋面雨水立管 DN75 设置

屋面雨水立管排放　　　　　　　　表 6.6

立管在满堂开挖的地下顶板上	建筑周边一般做雨水排水沟	直接排沟
立管不在满堂开挖在地下顶板上	建筑周边可做雨水排水沟	直接排沟
	建筑周边不做雨水排水沟	排雨水检查井或雨水口

如建筑首层外墙大面积为落地玻璃幕墙时，雨水立管尽可能高位转换至非幕墙处出户，如有困难，与建筑专业协商幕墙底处距室内地面 150～200mm 区域做非幕墙，方便室内雨水立管外排散水、绿化或雨水排水沟等。如雨水立管管径 $DN150$，则非幕墙高度调整为 200～250mm，雨水立管贴室内地面出外墙，再下翻排至室外，如排至雨水排水沟盖板上，不要穿过盖板，盖板会动，扯坏管道（图 6.6）。

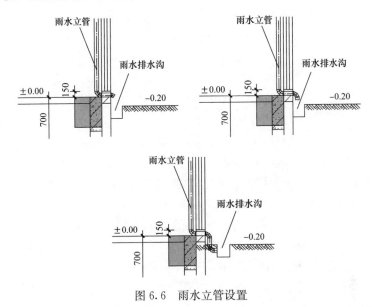

图 6.6　雨水立管设置

6.7　提醒建筑专业屋面雨水斗排水管尽可能不要汇集到集中管道井，水平悬吊管会与核心筒一圈的排烟管交叉，导致顶层的室内净高降低。

6.8　屋面天沟、雨水斗设置位置，一般由建筑专业确定，因为他们考虑找坡距离，但天沟尺寸需要给水排水专业配合复核。

6.9　建筑大屋面外落水、屋顶小屋面、裙楼上凸小屋面外落水以及溢流口均反馈到排水平面图上，并绘制系统原理图。

6.10 屋面溢流口

6.10.1 溢流口尺寸统一为：多层建筑 150mm×100mm，高层建筑 150mm×150mm；溢流口尺寸 150mm×100mm 出流量大致 8L/s，数量＝溢流量/（除以）8L/s，位置避开建筑出入口。

6.10.2 天沟如设置在女儿墙处，则女儿墙上的溢流口底距天沟顶面高度，非上人屋面为 100mm，上人屋面为 150mm。

6.10.3 如屋面不设置天沟，仅找坡至女儿墙处雨水斗，则女儿墙上溢流口底距坡底雨水斗上 150mm，上人屋面为 200mm。

6.10.4 如天沟设置在屋面内部，高处分水线在女儿墙处，汇水线在屋面天沟处，则女儿墙上溢流口底距高处分水线上 50mm，上人屋面也采用 50mm。

6.11 高层建筑露台与阳台不得共用一根排水立管，见《建筑给水排水设计标准》GB 50015—2019 第 5.2.24 条 1，高层建筑阳台、露台雨水系统应单独设置，结合第 5.2.24 条 2，多层建筑阳台、露台雨水宜单独设置。笔者理解多层建筑露台与阳台雨水可以共用一根排水立管并间接排放，间接排放才能确保管内不会出现较大的气压波动。

阳台上方雨篷雨水排放可类同于露台。

6.12 露台需要设置溢流措施（露台与室内的高差很小），或地漏以及排水立管按100年重现期考虑，结合《建筑给水排水设计标准》GB 50015—2019 第 4.3.8 条，DN75 普通地漏积水深 15mm 时，排水量为 1.0L/s，推算可承担的露台最大面积指标。

6.13 公共建筑主出入口外挑 3～4m 的大型雨篷，如向内找坡的，必须设置天沟及雨水立管；如向外找坡，根据建筑专业是否设置天沟而定。

6.14 连接建筑群的开敞式外廊以及建筑侧开敞式外廊如设置贯通浅沟，可两跨设置一处地漏，若无贯通浅沟，需每跨设置一处地漏。采用无存水弯直通地漏，不设置存水弯，排水立管不伸顶通气，可排至室外排水沟、雨水口或雨水检查井；外廊屋面雨水单独设置。

外廊屋面面积较小且为多层建筑时，可考虑外廊屋面与开敞式外廊共用一根排水立管。

6.15　室内截水沟截留雨水排水，可以选用地漏、雨水斗，也可以直接埋管（管口设置间隔 20mm 的格栅，防落叶），如沟内有纤维或大块物体可参照《建筑给水排水设计标准》GB 50015—2019 第 4.4.16 条设置格栅或网筐式地漏；室外所有截水沟外连接管处，落底同雨水口做法（图 6.15）。

6.16　海绵城市设计屋面雨水排水立管要求断接排放室外，内排水立管首层空间均高位转换至外墙处距地面一定高度出外墙，如玻璃幕墙落地阻碍雨水管出户，则出户管贴地敷设区域宽 300mm 降板 300mm 至外墙外；如有外墙梁或封边梁，一并降 300mm。

6.17　种植屋面雨水斗做法参见图集《平屋面建筑构造》12J201 第 D7～D10，以及《种植屋面建筑构造》14J206 第 1-8 页、第 1-9 页、第 1-11 页；种植顶板排水做法参见图集《地下建筑防水构造》10J301 第 38 页。

6.18　《建筑屋面雨水排水系统技术规程》CJJ 142—2014 第 5.2.2 条表 1 中水力坡度 $\neq$ 管道敷设坡度，水力坡度指压力坡降，明显大于管道敷设坡度。

屋面雨水多斗合用悬吊管时，其悬吊管水力坡度为 0.05 时，才有可能和同管径的雨水斗、雨水立管排水能力一致。

6.19　承压雨水塑料管可以采用管系列 S11.2 的硬聚氯乙烯实壁加厚管，参见《建筑排水塑料管道工程技术规程》CJJ/T 29—2010 表 4.2.2-1。

6.20　《车库建筑设计规范》JGJ 100—2015 第 6.4.3 条，"多雨地区通往地下的坡道底端应设置截水沟；当地下坡道的敞开段无遮雨设施时，在敞开段的较低处应增加截水沟。"

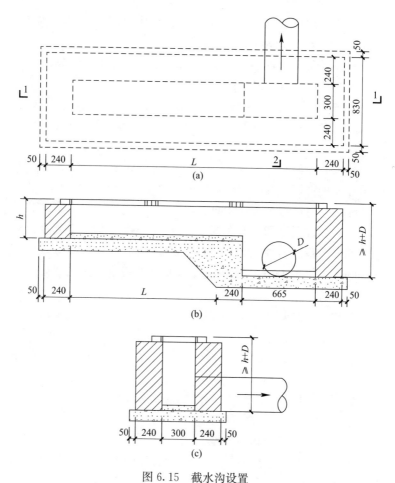

图 6.15 截水沟设置

L—场地排水沟的纵向长度（m）；h—沟深（m）；D—排水管管径（mm）

（a）平面图；（b）1—1 剖面图；（c）2—2 剖面图

6.21 玻璃幕墙与柱外侧之间 300mm 的空间无法确保雨水立管首层贴地面下穿外挑楼板出户排至室外雨水排水沟；或与贴地面的铝合金横挡（或称为横梁）穿越处做 n 型（图 6.21）。

如玻璃幕墙与柱外侧之间考虑大于或等于 300mm＋300mm（管下翻空间）＝600mm 的空间比较好。

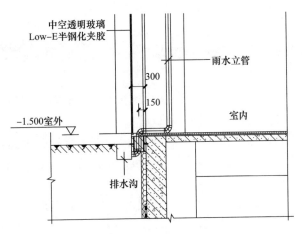

图 6.21　穿越处做法

6.22　图面易疏漏点

6.22.1　出入口雨篷雨水，考虑雨篷上方墙面雨水汇集。

6.22.2　下行地下空间的露天楼梯梯段雨水排水，梯段一般位于地下室墙外，注意穿外墙内排水。

6.22.3　地下车库坡道（含自行车坡道）中段截水沟排水；地下车库疏散出地面的玻璃幕墙楼梯屋面雨水排水。

6.22.4　排水出户管段绘制在首层平面时，复制异层排水管线到地下一层，核实排水管段的走向定位是否穿越了不该穿越的房间，如电气房间、密闭的结构空腔等。

第7章 室外排水

7.1 总图上必须示意单体建筑排水出户管管径、管底绝对标高（非相对标高，一样的可以标一个即可），可不打印。

室外排水总平面图打印，避免出户管上管径、标高等过多信息遮挡，直接设置 0-PS-N 为灰度淡显值为 45；建筑周边排水沟填充图案可以关闭打印。

7.2 车行道下排水管管顶覆土不足的加固措施，可采用 C20 混凝土 200mm 厚满包加固以及垫层采用 100mm 厚砾石砂夯实，参见上海市建筑标准设计《排水管道图集》（2016 沪 S204）第 1-24 页，或管道顶做钢筋混凝土盖板，参见图集《热水管道直埋敷设》17R410 第 93～96 页（图 7.2）。

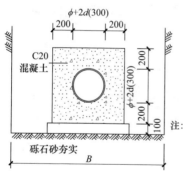

注：1.一般针对建筑排水排出管，车库顶板覆土内排水管。
2.B 为管道的沟槽宽度。
3.加固措施也可用同管径的中压铸铁管替代。

图 7.2 排水管管顶覆土过小加固示意图

7.3 满堂开挖的地下空间顶板如覆土厚度大于 2000mm 时，一般可不设置覆土内排水层排水，参见图集《绿地灌溉与体育场地给水排水设施》15SS510 第 37 页说明。

7.4 地下建筑顶板覆土内排水做法参见图集《种植屋面建筑构造》14J206 第 5-5 页、第 5-7 页以及图集《地下建筑防水构造》10J301 第 38 页。

7.5　小区、公共建筑、工业项目室外污水、废水管道最小管径取 $DN300$。

室外污水、废水管分三级，排水出户管→建筑周边排水接户管/支管→道路下排水干管，排水接户管管径确保大于排水出户管，建议按照表 7.5-1 所示确定。

排水出户、接户管/支管管径　　　　　表 7.5-1

排水出户管 管径（mm）	排水接户管/ 支管管径（mm）	排水出户管 管径（mm）	排水接户管/ 支管管径（mm）
单根 $DN50$、 $DN75$	$\geqslant DN150$	多根 $DN50$、 $DN75$	$\geqslant DN200$
单根 $DN100$	$\geqslant DN200$	多根 $DN100$、 $DN150$	$\geqslant DN300$
单根 $DN150$	$\geqslant DN300$		

室外埋地生活排水管道最小管径、最小设计坡度见《建筑给水排水设计标准》GB 50015—2019 第 4.10.7 条以及《室外排水设计标准》GB 50014—2021 第 5.2.10 条。

排水管径及最大设计流速下对应的坡度，流量极限值可参考表 7.5-2、表 7.5-3。

室外埋地生活排水管道管径对应的最大坡度参考值　　表 7.5-2

圆管非满流水力计算（以非金属管道最大设计流速计）						
充满度	公称直径 （m）	水力半径 （m）	粗糙系数	流速 （m/s）	水力坡度 （‰）	流量 （m³/s）
0.55	0.30	0.08	0.01	5.00	7.32	0.20
0.55	0.40	0.11	0.01	5.00	4.99	0.35
0.55	0.50	0.13	0.01	5.00	3.70	0.55
0.55	0.60	0.16	0.01	5.00	2.90	0.80
0.55	0.70	0.19	0.01	5.00	2.36	1.08
0.55	0.80	0.21	0.01	5.00	1.98	1.42

室外埋地雨水管道管径对应的最大坡度参考值　表 7.5-3

圆管满流水力计算（以非金属管道最大设计流速计）

充满度	公称直径 （m）	水力半径 （m）	粗糙系数	流速 （m/s）	水力坡度 （‰）	流量 （m³/s）
1.00	0.30	0.08	0.01	5.00	7.90	0.35
1.00	0.40	0.10	0.01	5.00	5.39	0.63
1.00	0.50	0.13	0.01	5.00	4.00	0.98
1.00	0.60	0.15	0.01	5.00	3.14	1.41
1.00	0.70	0.18	0.01	5.00	2.55	1.92
1.00	0.80	0.20	0.01	5.00	2.14	2.51

7.6 小区、公共建筑、工业项目室外污水、废水管检查井不可以设置沉泥槽，塑料排水检查井可参考图集《建筑小区塑料排水检查井》08SS523 第 10 页有流槽款，井底与管底平。

释义：《室外排水设计标准》GB 50014—2021 第 5.4.6 条检查井井底应设置流槽，以及第 5.4.16 条只是要求在排水管道每隔适当距离的检查井内、泵站前一检查井内宜设置沉泥槽。小区、公共建筑、工业项目室外污、废水管道上有沉泥槽，就会有淤积。

7.7 室外雨水管道起点管底标高直接默认低于地下空间结构顶板下 -0.30m，是基于考虑到车库顶板上室外污水支、干管跨越雨水管道连接至地下空间外墙外室外污水管网；如果没有室外污水支、干管跨越，室外雨水管道可以管底齐平地下空间结构顶板标高；所以地下空间外墙外室外雨水管道会比室外污水管道底。

另外，如果室外雨水管网不设置在远离地下空间外墙外的道路上，不连接道路雨水口等排水，则优先把室外雨水管网布置在地下空间外墙外第一道管位，管底齐平地下空间结构顶板标高，连接顶板盲沟排水，再布置室外污水、废水管网，避免了地下空间顶板盲沟排水跨越污、废水管网；如果地下空间顶板盲沟排水跨越污、废水管道连接室外雨水管网，室外污水、废水管网管顶需要低于地下空间顶板标高。

7.8　不规则场地布置室外排水管线，先明确方便检查井定位的位置，如无法定位，可采用坐标定位。

7.9　考虑到室外检查井井径较大，须确保两只检查井中心间距 1300mm，检查井与室外排水管道中心间距如图 7.9 所示。

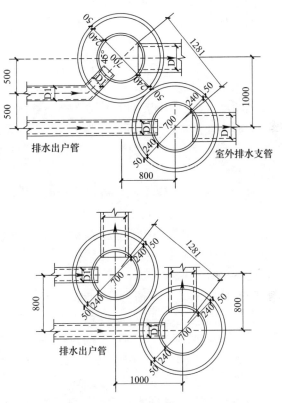

图 7.9　检查井与室外排水管道中心间距

现室外排水管道中心距统一为大于等于 1200mm。

7.10　室外排水管网采用软件绘制，方便管道埋深计算、纵断面的生成。浩辰软件要求总图单位必须为毫米，建筑专业单位以米计的总图，需要先放大 1000 倍到毫米，CAD 窗口左下角设置单位毫米（单位以米计的总图，无法自动标高计算以及纵断面的生成）。

绘制步骤第一步先识别地面高程，这样绘制的检查井（注意井径单位是米）可以自带井面标高，井面标高也可以手动输入。

7.11 浩辰软件绘制室外排水标高计算

主道路如果是弧线段（曲径小路不考虑纵断面），浩辰软件无法刷 Pline 弧线管段为系统默认管段（天正软件可以刷 Pline 弧线为系统默认管段），弧线无法参与标高计算，也无法生成纵断面。可以在弧线段设置一处或多处直线管段检查井，参与标高计算以及纵断面生成，图面后期再修改为弧线管段。

7.12 图面室外排水管线上标注字高

尽可能每一管段都标注，如住宅出户管较多，室外接户管段较短，可合并标注。

少字区域 3mm 字高，字多区域可以 2.5mm 字高，字特别多的区域也可以 2mm 字高，能看清楚就好。

统一的坡度 0.003，统一的管径 $DN300$，管道管段上可不再重复表示，以免图面杂乱。

另外，住宅小区室内排水出户管连接接户井较多，文字标注较密集，现室外排水总平面图拆分为室外污水、废水总平面图、室外雨水总平面图、室外管线综合总平面图。

7.13 图面删除单体建筑复制过来的检查井图例或者隐藏，避免招标时重复计算检查井数量（含生活给水、消防给水附件）。

7.14 建筑周边室外排水干管、支管布置原则：重力排水出户管较多的建筑，室外的排水接户管靠建筑侧布置，其他排水主干管管线依次向外布置，不同种类的重力排水出户管会跨越室外排水主干管、支管。一般住宅建筑室内污水、废水出户管较多，室外的污水接户管靠建筑侧，依次布置雨水主干管、支管，也方便收集道路雨水口排水，也可以接纳建筑屋面雨水立管出户。如果重力排水埋地出户标高过低，可考虑室内地面出户后下翻接至室外检查井、建筑外圈雨水排水沟。

7.15 地下车库外墙周边室外排水干管、支管布置原则：地下空间顶板有盲沟排水，外墙一圈建筑专业设置陶粒滤水层，此处会设置一只雨水外排检查井，建议雨水主干管网设置在外墙第一道管位处。

7.16 原则上绿地区域敷设给水、排水管线，如绿地宽度有限，尽可能地优先布置排水管线，排水检查井盖较多，但注意住宅小区绿地内排水管线可能会穿越各楼栋的自行车坡道两侧的挡土墙，此挡土墙可以穿越，需要提前预埋洞或套管，管线穿越情况如图 7.16 所示。

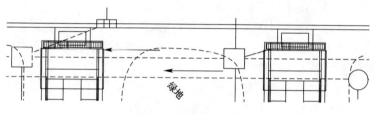

图 7.16 管线穿越情况

7.17 建筑重力排水出户接户检查井盖与景观铺装、乔木树碰撞时可采用第 5 章第 5.1.15 条排水出户管转向的处理措施。

7.18 建筑周边明沟的设置是为了雨水、冷凝水的排除，明沟的设置位置、尺寸以及沟底找坡（因为对应排出点，建筑专业不知道设置在哪）由给水排水专业提资，建筑专业图面绘制节点及标高。

广场上建筑、风景园林专业布置排水沟还是给水排水专业设置雨水口，可以协商。如需要布置排水沟，由建筑、风景园林专业确定排水沟的位置，给水排水专业依据位置提资排水沟尺寸以及沟底找坡方向。

绘制要求见《建筑工程设计文件编制深度规定 2016 版》第

4.2.5条竖向布置图条款5：排水沟的起点、变坡点、转折点和终点的设计标高（路面中心和排水沟顶及沟底）、纵坡度、纵坡距、关键性坐标。

7.19 雨水口连接管与雨水干管的跌落差大于0.3m，其连接处水流转角不受角度的限制，一般雨水干管起始端的一段距离长度要考虑角度，后面管段跌落差都会大于0.3m。

管径大于$DN300$，雨水、污水管道连接处的水流转角不得小于90°。

7.20 道路上同一起始点处的雨水、污水检查井，污水管道标高相对雨水管道下降300mm，可方便道路两侧雨水口连接管跨越污水管道。

7.21 雨水口连接管管段管顶覆土规定

道路下雨水口连接管至雨水检查井管段控制起始端管顶覆土不小于700mm，一般除雨水管网起始端几段管段的雨水口连接管外，基本都能满足。

绿化下雨水口连接管以及多只串联的雨水口连接管至雨水检查井管段控制起始端管顶覆土大于或等于300mm。

《室外排水设计标准》GB 50014—2021第5.7.7条，雨水口深度不宜大于1m，可以理解为雨水口深度可以等同于连接管管底标高；上海市地方标准《建筑排水室外埋地硬聚氯乙烯管道安装》DBJT08-93—2000第13页示意连接管管底为−0.5m。

释义：雨水主干管、支管网起始端检查井管底标高一般低于道路面层−1.0m，0.0025坡度，四段$4×30m$管道长度坡降为0.30m，从第四只雨水检查井起已满足雨水口连接管保护覆土厚度。即便起始端处雨水连接管管顶覆土不足，也只是起始端处连接管做加固处理，可以避免排水管网整体降低，有效地降低开挖工程量；不要过多在意雨水口连接管跨越周边污水、废水管管顶覆土不足问题。

7.22 排水管道跌落多少需要设置跌水井，见《室外排水设计标准》GB 50014—2021第5.5.1条，要求管道跌水水头超过 2m 必须设置，不大于 2m 时只是建议。

7.23　风景园林专业图面铺装线太多，依据道路宽度找准边界线，如消防车道必须不小于 4m。

7.24　雨水口连接管长度不宜超过 25m，0.01 的坡度敷设坡降太大，25m 连接管坡降 0.25m，尽量不要超过；如果连接管长度超过，则增设检查井，雨水箅子不能代替雨水检查井井盖。

7.25　规范没有说明多只雨水口连接管的管径，《室外排水设计标准》GB 50014—2021 第 5.7.3 条条文说明雨水口只宜横向串联，不应横向、纵向一起串联，串联雨水口的连接管管径参见图集《雨水口》16S518 第 4 页第 4.2 条两只雨水口串联连接管管径为 DN300。

7.26　雨水口先布置在道路纵坡最低点，其次布置在必须设置点（如景观小路与主道路的连接处，无论是高点还是低点，都设置），然后再均布。

海绵城市城市设计不再建议设置道路雨水口，优先在下沉式绿地等海绵设施内设置溢流口，雨水由下沉式绿地溢流口溢流进雨水主干管、支管道。

如果下沉式绿地等海绵设施紧贴道路侧布置，则溢流口可以设置在下沉式绿地内贴道路路缘石处。

7.27　室外紧贴道路路缘石（平缘石和立缘石）侧的诸多相距不远的零星小面积下沉式绿地，可由植草沟贯通，避免设置过多的溢流口。

7.28　汽车坡道、自行车坡道上部室外截水沟连接管单独接入雨水检查井。

7.29　《建筑给水排水设计标准》GB 50015—2019 第 4.10.14 条 3 要求化粪池应设通气管，通气管排出口设置位置应符合安全、环保要求。通气管参考图集《玻璃钢化粪池选用与埋设》14SS706 第 45 页，埋地敷设至围墙构造柱处升高 2m 通气或敷设至建筑外墙升高 2m，避开窗户处一定的距离通气。

污水集水坑、厨房废水集水坑通气管管径不宜小于潜水泵出水管的管径，且不得小于 75mm，见《人民防空地下室设计规范》GB 50038—2005 第 6.3.8 条。笔者认为如一用一备时，按单泵出水管管径计且大于或等于 $DN75$，多泵同时工作时，按出水汇总管管径计。现默认为 $DN100$，见图集《小型潜水排污泵选用及安装》08S305 第 37 页。

7.30 成品玻璃钢化粪池上最大承受覆土厚度控制在不大于 3m，如超过 3m，需要设置钢筋混凝土护板，参见图集《玻璃钢化粪池选用与埋设》14SS706 第 10 页的表格说明，或回填时将覆土改为减轻土荷载回填部分高度的轻质不吸水材质，如聚氨酯板。

7.31 雨水收集处理回用设施一般预留用电量 15kW，含排污泵用电量 0.75kW、雨水提升泵用电量 2.2kW、雨水供水泵用电量 5.5kW/7.5kW；如设施较大，需要具体核算用电量。

7.32 室外小型地埋一体式医疗废水、污水处理装置，其鼓风、加药、控制柜设备需要在地面做一房间，大致 $6m^2[2(L)\times 3(B)\times 2.3(h)]$，可以让厂家用水箱不锈钢板拼接，需要提前告知风景园林专业、建筑专业，用电量预留 5kW。

第8章 消防给水灭火通则

8.1 除首层架空层可不考虑灭火设施外，其他楼层的架空、开敞式走道属于具有可燃物且适合用水保护的场所，均考虑消火栓保护、灭火器保护以及自动喷水灭火系统保护。

自动喷水灭火系统按开敞处顶板外边界投影线进深不小于6m内区域设置，开敞式阳台、宽度不大于6m的单侧开敞式走道以及12m的双侧开敞式走道可不再设置，特别是寒冷、严寒地区，还涉及防冻问题。

8.2 阀门阀板的密封形式采用软密封。

第 9 章　室外消火栓

　　室外消火栓、消防水池取水口必须靠近消防车道，不然消防车无法到达。

　　特别注意独栋建筑地下空间上为停车场的室外消火栓位置的布置，需要考虑地下空间结构顶板荷载是否允许消防车通行。

第10章 室内消火栓

10.1 室内消火栓点位布置以及水平环管设置

室内消火栓点位布置以及水平环管设置见表 10.1。

室内消火栓点位布置以及水平环管设置　　　　表 10.1

点位	充电车位区域利用防火卷帘做分隔的各个小防火单元,消火栓不能跨越卷帘门保护,必须各自布置;如有小防火门,可以考虑跨越
	《消防给水及消火栓系统技术规范》GB 50974—2014 第 7.4.7 条明确消火栓布置可以设置在楼梯间,虽感觉外面看不到消火栓,但人在逃生时一定可以看到其设置处。 (1) 消火栓不可以设置在独用的电梯厅内,因为火灾时电梯停运; (2) 屋面突出的房间面积超过屋面 1/4 时,按层设置消火栓保护; (3) 地下一层非机动车坡道,局部消火栓难以保护,可以理解为防火门外为室外,注意能布置就布置
水平环管位置	地下空间独立搭环,即便是地下一层;首层必成环,不利用地下一层环管
	(1) 每栋楼均由地下空间单独引两路竖向给水管,±0.000 以上独立成环; (2) 高区、低区也是一样,各自由地下空间单独引两路竖向给水管,±0.000 以上各自独立成环(这样的好处是地上、地下多人绘制时,避免相互牵扯); 注意低区的减压阀组可以设置在消防水泵房处;针对单栋建筑,可以在楼栋低区最高层处设置减压阀组,默认阀后整定压力 0.35MPa;如果是建筑群,多栋建筑,各自在其低区最高层设置减压阀组,阀后均串在一起也可以
环管阀门设置	(1) 水平管段检修阀门控制室内消火栓的数量不宜超过 5 只; (2) 水平管段检修时,阀门关闭时确保每一防火分区能有一只消火栓使用

10.2

地上消火栓选用单栓带轻便消防水龙组合式消防柜 SG24D65Z-J(单栓),见图集《室内消火栓安装》15S202 第 20 页,箱体距地 100mm,尺寸 700mm×1600mm×240mm,预留箱体洞口尺寸是箱体外各增加 15mm,距地 85mm,洞口尺寸为

730mm×1630mm。

消火栓箱 DN65 短立管管中心与箱体距离可以控制在 150mm、125mm，或 100mm，现场局部空间有限时可管外壁贴箱体，如同一侧贴小型柱子时可控制在 75mm 或 100mm，异侧设置时可控制在 100mm（统一）。如有水平主干管经过时，可选用 150mm。

10.3 室内消火栓布置间距是指同一排相邻间的间距，不是多排的排距；室外消火栓布置间距类同。

10.4 车库消火栓箱必须正面设置，除非万不得已，才在柱后侧边，依据倒车进车位，考虑驾驶员是否方便下车；不建议消火栓设置在车位后面，除非方便取用，消火栓才设置在车位后面。

正面设置消火栓箱，其 DN65 的短立管可以设置在柱后面，距地面 800mm 高度走水平短管进箱体；DN65 的立管设置在柱侧不好判断，特别是小柱子，柱侧立管占车位，容易碰到，优先柱后，消火栓安装如图 10.4 所示。

消火栓箱不能侵占小区已经出售车位的区域，楼层消防前室消火栓箱开启方向最好不要与户门相碰，以免被居民投诉。

10.5 土建设计阶段时建筑专业墙面做凹槽内嵌消火栓，注意凹槽上面可能会有过梁，立管无法在凹槽内直上直下敷设；另外，凹槽上部空槽的部分需要建筑专业做墙面处理。

可与建筑专业协商，消火栓箱在高度范围内做凹槽，立管位于凹槽内消火栓箱后侧，或在凹槽墙后侧，视凹槽深度而定；凹槽内消火栓箱上部墙复原，结构专业设置过梁，凹槽内嵌消火栓安装见图 10.5。

如果消火栓箱做内嵌墙安装，墙后做防火处理，采用箱后 1.5mm 厚钢板（没有规范出处）以及防火涂料或 100mm 厚 2000mm 高的衬墙。防火涂料参见《建筑设计防火规范（2018 年版）》GB 50016—2014，型钢结构涂防火涂料 15mm 厚时，耐火极限 1h，消火栓箱体可参考钢结构防火做法，在背板内刷、

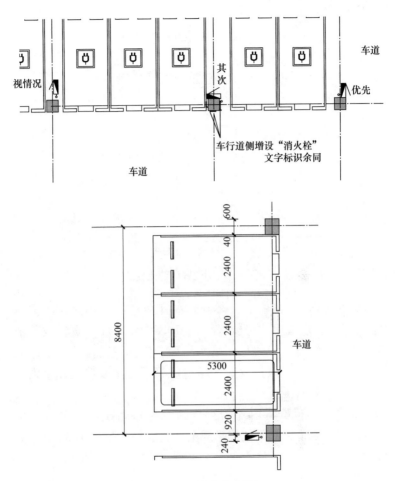

图 10.4　消火栓安装

外喷 15mm 厚防火涂料。

10.6　居住建筑（如住宅、酒店、宿舍等）屋面消防水箱间与其下方的居住空间做 500mm 高差的架空空间，水箱基础直接落在楼层板上，不用单独落在水箱间内架空板上。

10.7　单栋建筑室内外消火栓给水合用系统可以参考图集《〈消防给水及消火栓系统技术规范〉图示》15S909 第 56 页室内

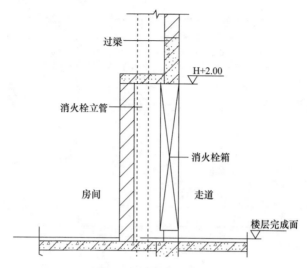

图 10.5　凹槽内嵌消火栓

消火栓给水减压给室外消火栓给水管网稳压的形式，或图集《消防专用水泵选用及安装（一）》19S204-1 第 140 页室内外消火栓给水系统各自设置稳压给水管路。实际仅高位消防水箱水位静水压稳压时，可只设置一路稳压管下行至泵房区域室内外消火栓给水环管上。

　　而多栋建筑群室内外消火栓给水合用系统不能参考图集《〈消防给水及消火栓系统技术规范〉图示》15S909 第 56 页，需要参考《〈消防给水及消火栓系统技术规范〉GB 50974—2014 实施指南》第 171 页图 6-1，高位消防水箱的稳压管下行至泵房区域室内外消火栓给水环管上。

　　10.8　楼层外廊、楼栋与楼栋之间的敞开式连廊，一般有疏散功能，需要考虑室内消火栓保护。

　　10.8.1　楼层卫生间、餐饮厨房内设置的给水水表、排水立管管道井等考虑室内消火栓保护，按行走路径 22.5m 到达检修门处设置。

　　10.8.2　酒店客房敞开式阳台或封闭式阳台均考虑室内消

火栓保护，按行走路径 22.5m 到达阳台门处设置，如推拉门可以完全打开（门垛不大于 500mm），可以不考虑灭火人员到达推拉门处。

10.8.3 楼层外墙处位置设置的 VRV 空调室外机位考虑室内消火栓保护，按行走路径 22.5m 到达空调室外机位检修门处设置。

10.8.4 首层对外的变、配电所、消防控制室等考虑室内消火栓保护，按行走路径 22.5m 到达疏散门处设置，或者变、配电所、消防控制室朝建筑内部多设置一处疏散门，方便建筑内部室内消火栓保护。

10.8.5 首层对外的小面积垃圾房、电气进线间等考虑室内消火栓保护，按行走路径 22.5m 到达疏散门处设置。

10.8.6 地上楼层独用的楼梯间，其下楼层楼梯间均不开门，首层直接对外疏散，可不考虑室内消火栓设置及保护。

10.9 住宅建筑首层送地下一层空间，如地下一层有独立疏散门开向地下其他空间，需要考虑室内消火栓保护到地下一层空间。

10.10 除住宅外，5 层及以下的地上多层民用建筑室内消火栓给水系统可以不设置水泵接合器，规避了每栋楼设置水泵接合器的问题。

10.11 区域不大于 3 只室内消火栓箱是否单独设置小环与给水主干管连接问题。

不建议单独设置局部小环以及检修阀门，因为单只消火栓箱给水支管管径 DN65，单拉三处 DN65 给水支管的费用肯定更低；如不小于 4 只室内消火栓箱时，可局部成小环。

10.12 与地下车库联通的多层小型商业区域，如设置自动喷水灭火系统，则室内消火栓系统设计秒流量可减少 50%，如 40L/s 可减少为 40×50%＝20L/s，但不应小于 10L/s；与地下车库联通的高层商业区域，默认不得折减。

与地下车库联通的多层商业区域，如不设置自动喷水灭火系统，则室内消火栓系统设计秒流量不折减。

小型商业规模参见《商店建筑设计规范》JGJ 48—2014表 1.0.4，指总建筑面积小于 5000m² 。

10.13 一、二层小型商业裙楼，与地下车库不联通，但上部住宅的楼梯间与地下车库联通，此种情况地上部分室内消火栓系统设计秒流量仅依据地上商业、住宅体量对照《消防给水及消火栓系统技术规范》GB 50974—2014 表 3.5.2 中流量，选取最大值作为地上部分设计秒流量，此数值涉及消防水池有效容积的大小。

10.14 初步判断图面楼层是否选用减压稳压消火栓可直接依据水泵组设计扬程参数（或分区先导可调式减压阀组后整定压力参数）与楼层消火栓栓口距泵组（或分区先导可调式减压阀组）处竖向高差进行简单推算；如果施工现场采购水泵组扬程大于设计扬程参数过多，需要核实上部楼层是否调整为减压稳压消火栓。

第 11 章　自动喷水灭火系统

11.1　预作用自动喷水灭火系统要求报警阀后管道容积最大不宜超过 3000L，其管径 DN150 时，大致长度为 159m，可服务喷头数量大致为 400 只，具体计算可利用 Excel 公式表格（表 11.1）。

自动喷水灭火系统计算　　　　　　　　　　　　表 11.1

管径 (mm)	DN25	DN32	DN40	DN50	DN65	DN80	DN100	DN150	报警阀后管道体积 (L)
单位长度体积 (m^3)	0.0005	0.0009	0.0013	0.0021	0.0035	0.0050	0.0087	0.0189	
长度 (m)								159.0	
体积 (m^3)	0.0000	0.0000	0.0000	0.0000	0.0000	0.0000	0.0000	3.004	3004

释义：《全国民用建筑工程设计技术措施 2009 给水排水》第 7.2.5 条：系统的配水管道充水时间不宜大于 2min，报警阀后管道容积最大不宜超过 3000L。充水时间计算公式以及不同管径单位长度容积参考图集《自动喷水灭火系统设计》19S910 第 83 页。

预作用自动喷水灭火系统无供暖区域的吊顶喷头，选用干式下垂型喷头。

11.2　人防工程区域喷头布置

人防工程区域喷头布置见表 11.2。

11.3　柴油发电机房内油箱间与机房设置同样的灭火系统。

11.4　吊顶净高大于 800mm 的场所，为了保险起见，统一设置上、下喷头。

103

人防工程区域喷头布置	表 11.2
与楼梯间相连接的密闭通道	设置
与竖井相连接的密闭通道	不设置
防化值班室	不设置
滤毒室	不设置
集气室	不设置
扩散室	不设置

释义：消防配电线路要求即便在吊顶内敷设，也应穿金属导管。一般照明线路、弱电线路也穿金属导管，火灾自动报警线路穿难燃材质以上的套管；风管一般用薄钢板材质以及玻璃棉包覆；排水管道 PVC-U 为难燃材质。

11.5 门厅挑空、中庭区域，哪怕是仅挑空一层，也增设一处末端试水阀/装置，水损和高差相比，高差会让挑空，中庭区域成为最不利点。

11.6 门厅挑空高度超过 8m，直接按高大空间场所布置喷头，间距不大于 3m 时，喷水强度取 $12L/(min \cdot m^2)$，理论设计秒流量 41.6L/s。

如果局部挑空区域很小，不需要这么大的设计流量，可以放大挑空区域配水支管管径，即按严重危险级场所配水管、配水支管控制标准喷头数量配置管径，限制设计秒流量在 $12L/(min \cdot m^2) \times 160m^2/60s=32L/s$；注意：如果喷头布置得过密，即便最不利点水压按 50kPa 放大管径，设计秒流量仍可能在 37~39L/s 区间。

11.7 汽车坡道处采用易熔合金 K80、DN15 喷头，其含螺纹在内竖向高度为 67.5mm，可采用下垂式安装，控制溅水盘与顶板距离不大于 150mm；风管下增设的喷头为下垂式安装，依据溅水盘距风管底的距离可以认为最大占用竖向空间为 150mm（已含吊架尺寸）。

11.8 梁底布置喷头，推算梁高的极限值

按《自动喷水灭火系统设计规范》GB 50084—2017 第

7.1.6条1分析：按溅水盘与顶板底距离极限值300mm考虑，如果梁底布置喷头溅水盘距梁底面按25mm计算，可知顶板下梁可下凸高度极限值为：300-25=275（mm）；

按楼板厚120~150mm推算梁高的极限值为275+（120~150）=395~425（mm），即梁高如果不大于425mm时，可以无视梁的存在布置喷头。

11.9　梁侧布置喷头

施工时需要依据图面喷头距梁侧水平定位 a 值，现场决定溅水盘距顶板底的安装距离 b 值，图纸图面是无法表达每一只喷头溅水盘距顶板底距离的。

常规楼板120mm厚，溅水盘距顶板底的极限值为150mm、550mm，依据《自动喷水灭火系统设计规范》GB 50084—2017第 7.1.6 条 2 以及第 7.2.1 条图示、表格数值理解如下（图 11.9-1）：

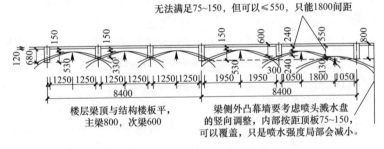

图 11.9-1　喷头布置（一）

11.9.1　主梁高 800mm，b 值基本能满足《自动喷水灭火系统设计规范》GB 50084—2017 表 7.2.1 条第三档不大于140mm（800-550-120=130mm<140mm），喷头定位 a 值默认在 600~900mm 范围。

11.9.2　次梁高 700mm，b 值基本能满足《自动喷水灭火系统设计规范》GB 50084—2017 表 7.2.1 条第二档不大于60mm（700-550-120=30mm<60mm），喷头定位 a 值默认

在 300～600mm 范围。

11.9.3 如果喷头溅水盘齐平梁底布置即溅水盘 $b=0$，则喷头定位 a 值可以小于 300mm 范围，极限情况喷头溅水盘贴梁侧齐平梁底也可以即 $a=0$（图 11.9-2）。

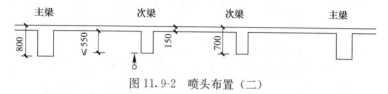

图 11.9-2　喷头布置（二）

11.9.4 如果不考虑《自动喷水灭火系统设计规范》GB 50084—2017 第 7.1.6 条 2，只按照溅水盘与顶板距离 150mm 计算，则主梁高 800mm 时，b 值大致为 $800-120-150=530mm<600mm$，喷头定位 a 值要距梁侧 1800～2100mm，有时不现实；即便次梁高 700mm 时，b 值为 $700-120-150=430mm<450mm$，喷头定位 a 值要距梁侧 1500～1800mm，也不现实。

11.9.5 常规楼板 120mm 厚以及梁高 800mm，b 值一般处于《自动喷水灭火系统设计规范》GB 50084—2017 表 7.2.1 条第三档，则 a 值优先设定在 600mm 左右。

11.10 同一空间不同吊顶高差小于 450m 时，下垂型或吊顶型喷头可视为同一平面布置，高位吊顶上喷头 a 值尽可能大于 1500mm，低位吊顶上喷头在喷头间距满足的情况下 x 值可以任意；如吊顶为凹凸造型且凹槽高差小于 450mm 时，喷头直接布置在低位吊顶上，避免在凹槽内布置；如果房间四周设置凹槽线、凹槽线宽度小于喷头距墙最大距离且凹槽高差小于 450mm 时，喷头直接布置在低位吊顶上，避免在凹槽线内布置；参见图集《自动灭火工程》91SB12-1 第 91 页（图 11.10）。

11.11 无吊顶建筑外圈不大于 800mm 高的梁与幕墙玻璃间距大小以及喷头设置（装修工程窗帘盒类同），梁宽按 300mm 计算。

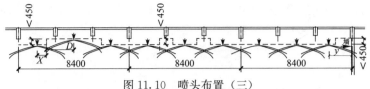

图 11.10　喷头布置（三）

外围喷头距梁内侧按极限值 600mm 计算，中Ⅱ级火灾危险场所，梁外侧与幕墙玻璃间距不大于 800mm 时，外圈梁外可不设置喷头（图 11.11）。

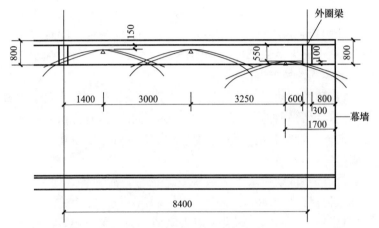

图 11.11　外围喷头布置

判定外圈梁外侧与幕墙玻璃间是否设置喷头的间距临界值为：1700（按规范规定的喷头距墙最大值 1500～2200mm 取值）－600－300（按结构梁宽取值）=800（mm）。

11.12　楼层高位内凹的空调外机空间进深不小于 750mm 时，外机空间板下增设喷头，内凹尺寸一般都会大于，依据《自动喷水灭火系统设计规范》GB 50084—2017 第 7.2.5 条直接默认设置。

11.13　信号阀、水流指示器、减压孔板组合安装长度必须不小于 540＋750＋750＝2040（mm），如果再串联一只减压孔板，需要 2040＋750＝2790（mm），尺寸参照图集《自动喷水灭火系统设计》19S910 第 57 页及《自动喷水灭火系统设计规范》GB 50084—2017 第 9.3.1 条 1。

11.14 自动喷水灭火系统的减压孔板孔径必须不小于 45mm。

11.15 无吊顶区域 $DN100$、$DN150$ 供水管（泵组出水管后与报警阀前管段）、配水干管（报警阀后与水流指示器前管段）、配水管管中标高统一距梁底 150mm，其他 $DN50$ 及以下的配水支管可贴梁底施工。

11.16 自动喷水灭火系统泄水做法参考《自动喷水灭火系统设计规范》GB 50084—2017 第 84～86 页图示，注意与图集《自动喷水灭火系统设计》19S910 第 83 页配水干管、配水管坡向示意不同，按前者执行。

11.17 自动喷水灭火系统给水管网泵组进、出水路上为普通阀门，报警阀前、后为信号阀，水流指示器处为信号阀，报警阀前环状管路其他管段上阀门均文字注明为带锁具锁定阀位的阀门。

11.18 自动喷水灭火系统设计扬程，如独建式地下一层，不计水损时估算为 40m+4m+2m+5m=51m。

11.19 明确客房喷头选用边墙型，为避免出错，设计说明只写 K115 扩大覆盖面积快速响应闭式喷头（$P=0.15$MPa，有效喷远距离 5.3m），K115 边墙型扩大覆盖面积快速响应闭式喷头管径按 1.5 个标准 K80 喷头计算。

另边，墙型 K80 标准覆盖面积快速响应闭式喷头（$P=0.15$MPa，有效喷远距离 4.5m）。

11.20 自动喷水灭火系统末端试水，排水至地下车库集水坑，集水坑如果是盖板式，需要设置排水漏斗进集水坑；如有排水沟与集水坑贯通，可排水至排水沟，不再设置排水漏斗。

11.21 自动喷水灭火系统如果要求楼栋设置水泵接合器，可由泵房内报警阀前环管拉一枝状管路，敷设到每栋楼位置设置水泵接合器。

11.22　自动喷水灭火系统给水配水管两侧的配水支管可各自服务 8 只喷头，现统一 3～4 跨布置 1 道配水管；连接方式优先选用三通、四通配件少的方式，如图 11.22(b) 所示。

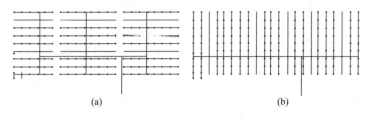

(a)　　　　　　　　　　　　　　　(b)

图 11.22　自动喷水灭火系统布置

11.23　注意网格、格栅类通透性吊顶区域，系统设计秒流量×1.3 的系数。

如采用条状铝方通格栅吊顶，按铝方通自身底宽与铝方通之间净宽比 3∶7 判定是否增设下喷头；如分母数字占比大于 7，即通透性占比大于 70%，可只设置直立型喷头。

下喷头挡水板设置参见华北标图集《自动灭火工程》91SB12-1 第 90 页。

11.24　走廊单排喷头布置不留空白的间距

走廊单排喷头布置不留空白的间距见表 11.24。

走廊单排喷头布置不留空白的间距			表 11.24
危险等级	最低工作压力（MPa）	走廊宽度（m）	喷头间距（m）
中Ⅰ	0.1	2	3.60
中Ⅰ	0.1	2.5	3.28
中Ⅰ	0.1	3	2.83
中Ⅰ	0.1	3.5	2.18
中Ⅱ	0.1	2	2.96
中Ⅱ	0.1	2.5	2.55
中Ⅱ	0.1	3	1.93

11.25　现场采购泵组扬程过大时，楼层减压孔板减压值一

建筑给水排水设计标准理解与应用

[现场采购泵组扬程（或分区先导可调式减压阀组后整定压力参数）－水力计算泵组处所需水压的差值]＋楼层竖向高差＋楼层竖向高差的综合水损，即表 11.25 中第 7 列。

如立管 $DN150$，系统设计秒流量 30L/s，海澄-威廉系数 $C=120$，单位管长沿程水损约 0.19kPa，单位管长沿程以及局部水损为 $1.3×0.19kPa＝0.25kPa$，综合单位水损按 $1.3×0.19kPa×1.4＝0.35kPa$。

利用 Excel 公式表格计算（表 11.25）。

减压孔板孔径计算　　　　　　表 11.25

楼层	采购泵组扬程与水力计算泵组所需压力差值(kPa)	立管管径(mm)	管段流量 Q(L/s)	楼层高差(m)	综合水损(kPa)	超压值(kPa)	减压孔板的孔径(mm)	参考数据		
								主管管径(mm)	减压孔板的孔径(mm)	对应的水损(kPa)
十二层	1.96	150	30.0	0.00	0	1.97	—	150	80	32.95
十一层	1.96	150	30.0	3.60	1.27	39.30	80	150	79	35.12
十层	1.96	150	30.0	7.20	2.55	76.60	68	150	78	37.45
九层	1.96	150	30.0	10.80	3.83	113.80	62	150	77	39.95
八层	1.96	150	30.0	14.40	5.11	151.10	59	150	76	42.64
七层	1.96	150	30.0	18.00	6.38	188.40	56	150	75	45.52
六层	1.96	150	30.0	21.60	7.66	225.70	54	150	74	48.63
五层	1.96	150	30.0	25.20	8.94	262.90	52	150	73	51.97
四层	1.96	150	30.0	28.80	10.22	300.20	50	150	72	55.57
三层	1.96	150	30.0	33.30	11.81	346.80	49	150	71	59.46
二层	1.96	150	30.0	37.80	13.41	393.40	47	150	70	63.65
一层	1.96	150	30.0	42.30	15.01	440.00	46	150	69	68.18
地下一层	1.96	150	30.0	47.10	16.71	489.70	46+71	150	68	73.09

注：初步判断图面楼层水流指示器后实际水压可直接依据泵组设计扬程参数（或分区先导可调式减压阀组后整定压力参数）－报警阀组水损（4m）－水流指示器水损（2m）－楼层喷头距泵组（或分区先导可调式减压阀组）处竖向高差进行简单推算。

11.26　报警阀水力警铃布置在泵房、报警阀间就近的外墙上，高度《自动喷水灭火系统设计规范》GB 50084—2017 未说明，参考图集《自动喷水与水喷雾灭火设施安装》04S206（已废止）第 8 页、第 9 页大致推算为 1.74m＜2.0m，水力警铃进水管管径 DN20，排水管管径 DN25，排水可回流到泵房、报警阀间排水沟。

11.27　排水漏斗顶高 534mm 左右，横支管管中 300mm 高（图 11.27），参见图集《自动灭火工程》91SB12-1 第 120 页。

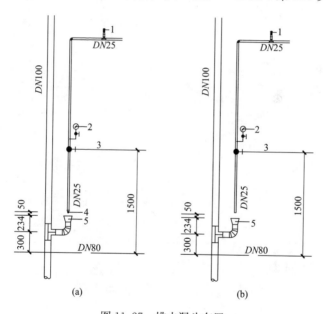

(a)　　　　　　　　　　　　(b)

图 11.27　排水漏斗布置

（a）末端试水装置节点示意；（b）末端试水阀节点示意

1—喷头；2—压力表；3—球阀；4—试水接头；5—排水漏斗

11.28　弧形汽车坡道或弧线场所喷头布置采用跨内、格内中分原则，放射状喷头径向于圆心，确保最内外侧间距满足最小、最大距离要求，配水干管液压弯管机弧形处理，配水支管垂直与配水干管连接（图 11.28）。

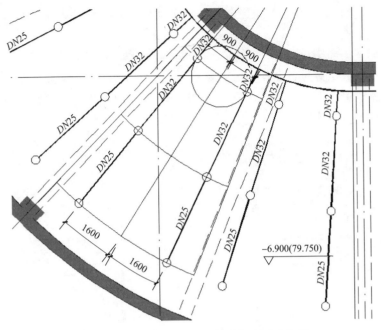

图 11.28 弧形汽车坡道或弧线场所喷头布置

11.29 装修工程中，喷头定位到装饰面层还是到土建墙体，按施工工序确定，一般先做装饰面层，如贴好瓷砖后才进入吊顶工序，统一按装饰面层。自动喷水灭火系统配水管可以定位到土建墙体。

11.30 玻璃幕墙建筑楼层的喷头定位尺寸，要到幕墙玻璃位置。

11.31 隔板到吊顶（即便开门处不到顶）的蹲便器、坐便器小隔间均布置喷头。

11.32 装修工程跨越主梁的无吊顶小房间，喷头数量同土建阶段图纸上的喷头数量，如土建阶段安装的配水支管不拆除，继续使用，可按土建阶段图纸各自接原梁跨内的配水支管，不改变管径。

11.33 民用建筑内公称动作温度 68℃喷头与单只功率不大

于 200W 灯具的净距离控制在不小于 152mm，参见《全国民用建筑工程设计技术措施 2009 给水排水》表 7.2.14-3。隐蔽型喷头的装饰盖板尺寸为 ϕ85mm，见图集《自动喷水灭火系统设计》19S910 第 83 页，不同功率筒灯开孔尺寸可参考表 11.33。

不同功率筒灯开孔尺寸可参考表　　表 11.33

功率（W）	3.5	4.5	6	7	10.5	14	18	23
开孔尺寸（mm）	ϕ80	ϕ90		ϕ125	ϕ150		ϕ175	ϕ200

第 12 章　生活水泵房、消防水泵房、消防水箱间

12.1　水泵房内管道底距地面或管沟地面的距离，管径不大于 $DN150$ 时，距离为不小于 0.2m（即管中标高统一为 F＋0.3）；管径大于或等于 $DN200$ 时，距离大于或等于 0.25m（即 $DN200$ 管中标高为 F＋0.35，$DN300$ 管中标高为 F＋0.40）。

12.2　消防水泵组吸水母管管径 $DN300$，吸水管段、出水管段水平管件组合长度（表 12.2）。

管段水平管件长度　表 12.2

单泵吸水管管径	$DN100$	$DN150$	$DN200$	$DN250$				
吸水母管三通规格（mm）	300×100	300×150	300×200	300×250				
沟槽管件长度（mm）	320	342	391	412				
闸阀长度（mm）	230	280	330	380				
橡胶挠性接头长度（mm）	150	185	200	240				
偏心异径管规格（mm）	—	150×100	200×150	250×200				
长度（mm）	0	380	395	400				
吸水侧长度（mm）	700＋300	1187＋300	1316＋300	1432＋300				
	300mm 为余量							
异径管规格（mm）	—	150×100	200×150	250×200				
长度（mm）	0	378	396	405				
90°弯头长度（mm）	200	250	300	310				
出水侧长度（mm）	200	628	696	715				
90°渐缩异径	—	—	—	—				
弯头长度（mm）	200	255	305	315				
消防水泵组流量（L/s）	15	25	30	40	45	55	65	80
立式单级长度（mm）	600	640	650	650	850	850/1050	960	1000/1170
立式多级长度（mm）	—	600	660	660	660	700	—	—

水泵出水端采用异径管和 90°弯头时，如图 12.2-1 所示。

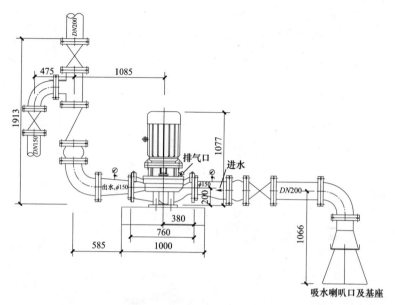

图 12.2-1　水泵出水端采用异径管和 90°弯头时

水泵出水端利用渐缩异径弯头时，如图 12.2-2 所示。

吸水母管与水泵组吸水管连接优先采用焊接平接，如沟槽式连接尺寸如图 12.2-3 所示。

吸水母管连接单泵吸水管三通（300mm×300mm、300mm×250mm、300mm×200mm、300mm×150mm、300mm×100mm）、45°弯头参考图集《钢制管件》02S403 第 38～39 页、第 48～49 页、第 13～14 页，偏心异径管参考图集《钢制管件》02S403 第 58～60 页，异径管参考图集《钢制管件》02S403 第 52～53 页，90°渐缩异径管参考图集《钢制管件》02S403 第 22～25 页，90°弯头管件参考图集《钢制管件》02S403 第 6～7 页，长度均已含法兰厚度。

闸阀、微阻缓闭止回阀参考图集《管道阀门选用与安装》07K201 第 13 页、第 29 页，阀门自带法兰。

115

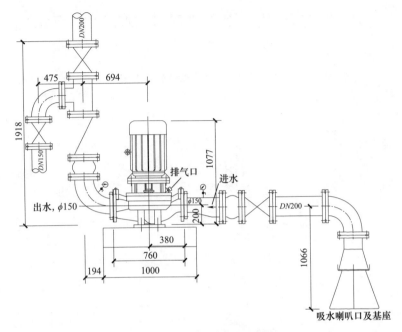

图 12.2-2 水泵出水端利用渐缩异径弯头时

先导式可调减压阀参考图集《常用小型仪表及特种阀门选用安装》01SS105 第 76 页，阀门自带法兰。

可曲挠橡胶管接头可参考图集《消防专用水泵选用及安装》04S204 第 126 页，或图集《常用小型仪表及特种阀门选用安装》01SS105 第 76 页，或图集《倒流防止器选用及安装》12S108-1 第 12 页、第 13 页 D 尺寸。

泵体水平长度参考《上海凯泉 XBD 系列消防泵综合样本 2021/3》第 47 页、第 52 页、第 70 页。

12.3 生活水泵房

12.3.1 简化详图图层，生活水箱进水侧、泵组吸水侧给水管线图层均为 0-GS-生活市政给水；标识（阀门、附件、插字）图层均为 0-GPS-F；说明图层均为 0-GPS-N。

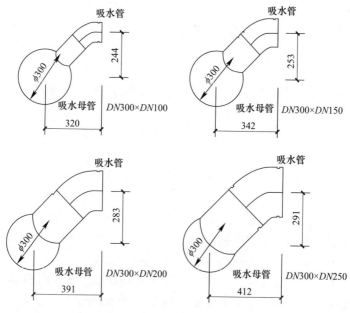

图 12.2-3　沟槽式连接尺寸

12.3.2　生活水箱的基础高不小于 600mm，不然下出水管无法转弯。

12.3.3　取水检测可利用外置水位计处的水龙头取水。

12.3.4　生活水箱使用的不锈钢钢板厚度参见图集《矩形给水箱》12S101 第 9 页，水箱高度 2m 时，箱底厚度 2.0mm，侧板底厚度 2.0mm，侧板上厚度 1.5mm，顶板厚度 1.2mm；水箱高度 3m 时，箱底厚度 3.0mm，侧板底厚度 3.0mm，侧板中厚度 2.0mm，侧板上厚度 1.5mm，顶板厚度 1.2mm。

12.3.5　图集《矩形给水箱》12S101 第 99 页，消防水箱进水由箱侧、箱顶进水，溢流喇叭口顶距箱顶距离不小于 180mm。

12.3.6　生活水箱如果是单格的，出水管可以只出一口，单组恒压供水设备可一路吸水；水泵出水管可以设置旁通管及止回阀组。

依据《建筑给水排水设计标准》GB 50015—2019 中第 3.1.2 条，由市政供水并贮存于基地的水箱不能称之为自备水源，所以水泵出水管可以设置旁通管路。

12.3.7 生活水箱通气管管径见图集《矩形给水箱》12S101 第 64 页。

12.3.8 生活水箱、消防水池，其进水遥控浮球阀统一高位设置，消防水箱进水电动阀也要高位设置。

12.3.9 生活变频恒压供水泵组出水管路设置远传压力表/压力传感器，由变频器上设定压力值控制管路恒压。

12.4 消防水泵房，参考图集《消防专用水泵选用及安装（一）》19S204-1

12.4.1 简化详图图层，消防水池进水侧、泵组吸水侧给水管线图层均为 0-FH-消防市政给水管；标识（阀门、附件、插字）图层均为 0-FN-F；说明图层均为 0-FN-N。

12.4.2 消防水池水位示意模块附在详图及系统原理图上。检修孔底距溢流水位的保护高差按不小于 300mm 计算，参考图集《消防专用水泵选用及安装（一）》19S204-1 第 24 页；消防水池检修孔尺寸不小于 $\phi600$mm，参见图集《给水排水构筑物设计选用图》07S906 第 1-9 页（图 12.4-1）。

12.4.3 《建筑给水排水设计标准》GB 50015—2019 中第 3.8.6 条 5，溢流管宜采用水平喇叭口集水，喇叭口向下的垂直管段长度不宜小于 4 倍溢流管管径；并间接排水（如排至明沟，间隙以明沟面算，见《〈建筑给水排水设计标准〉GB 50015—2019 实施指南》第 125 页第 4.4.14 条释义）。

12.4.4 消防取水口管径 $\phi600$mm，参见图集《〈消防给水及消火栓系统技术规范 7〉图示》15S909 中第 24 页，两只竖向立管管中心间距 1000mm，如设置花坛式围护，净宽 2100mm×1100mm，中心距消防车道不大于 2000mm。

利用建筑剖面图绘制消防取水口图示附在详图及系统原理图上，标注最低有效水位与室外地面的高差（图 12.4-2）。

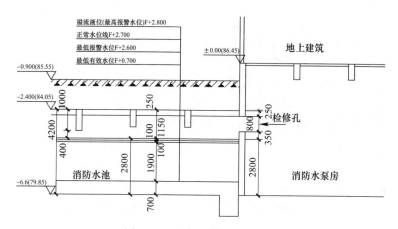

图 12.4-1　消防水池水位示意

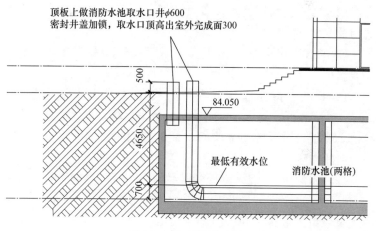

图 12.4-2　消防取水口

室外消防水池地面式检修孔参考《平屋面建筑构造》12J201 第 H19 页。

12.4.5 吸水管路管件连接优先采用焊接连接，见图集《消防专用水泵选用及安装（一）》19S204-1 第 27 页、第 58 页，也可以沟槽或法兰连接，但阀件应采用沟槽或法兰连接，见图集《消防专用水泵选用及安装（一）》19S204-1 第 17 页第

7.8 条。

12.4.6 泵组吸水管路优先采用母管式，如泵房面积有限，可采用单独泵组直吸式。

12.4.7 消防水池吸水管侧做排水沟，两格联通管管中标高同吸水母管，管顶低于最低有效水位即可。

消防水池最低有效水位依据立式消防水泵出水管中心线计，见《消防给水及消火栓系统技术规范》GB 50974—2014 中第 35 页提示 2。考虑到吸水管与吸水母路沟槽连接的可能性，无效水位默认 F+0.80m 计。

12.4.8 泵组吸水管段阀件组合长度默认大于或等于 10 倍的吸水管管径，见图集《消防专用水泵选用及安装（一）》19S204-1 第 27 页。

12.4.9 吸水管可不设置过滤器，见图集《消防专用水泵选用及安装（一）》19S204-1 第 27 页注 7。

12.4.10 出水管管路上采用活塞式水锤消除器，水平安装。

12.4.11 持压泄压阀参见《自动喷水灭火设施安装》20S206 第 58 页，持压泄压阀整定值依据消防泵组处实际压力计算值 1.2 倍设定，即便采购的水泵组扬程稍微偏大，也同样会设置泄压持压。

12.4.12 室内消火栓泵组出水管中间管段要设置阀门以及压力开关，出泵房外成大环，泵房内不设置小环。消防水泵房内主泵泵组出水管中间管段不再设置安全阀，参见图集《消防专用水泵选用及安装（一）》19S204-1 第 24 页、第 28 页，出水管路也未设置安全阀。

12.4.13 室内外消火栓合用水泵组，泵房内成小环，室外用水单独出两路（设置控制阀），建筑群用水单独出两路（设置止回阀，以免水泵接合器回水），系统图示参见图集 19S204-1 第 140 页。

12.4.14 自动喷水灭火系统水泵组出水管之间设置阀门，

与泵房内报警阀组环管成环，不要过多设置小环；泵房外的报警阀组直接接此环网；报警阀组间距 1200mm。

12.4.15　流量、压力检测装置做法参见标准《消防给水及消火栓系统技术规范》GB 50974—2014 中第 5.1.11 条，管段管径依据系统秒流量确定，系统秒流量不大于 15L/s 时，管径为 DN65；不大于 25L/s 时，管径为 DN80；不大于 30L/s 时，管径调整为 DN100；大于 30L/s 时，管径调整为 DN150。

12.4.16　稳压设备出水管管段设置安全阀，见图集《消防给水稳压设备选用与安装》17S205 第 13 页。

12.4.17　下置式稳压设备停泵压力值必须不大于消防水泵组出水管路持压泄压阀整定值，稳压设备依据持压泄压阀整定值查看图集《消防给水稳压设备选用与安装》17S205 第 15～17 页选型。

12.4.18　安全阀设定值按稳压泵设计扬程加 7～10m，且高于稳压设备停泵压力。

12.5　消防水箱间

12.5.1　图集《高位消防贮水箱选用及安装》16S211 第 33 页，消防水箱高度 2.0m 时，底板、侧板厚度统一为 2.0mm，顶板厚度为 2.0mm；消防水箱高度 2.5m 时，底板、侧板厚度统一为 3.5mm，顶板厚度为 3.5mm。

12.5.2　图集《高位消防贮水箱选用及安装》16S211 第 27 页消防水箱进水由箱顶进水，溢流喇叭口顶距箱顶距离不小于 250mm。

12.5.3　消防水箱进水不设置杠杆式浮球阀、液压控制浮球时，其进水口位置不需要设置在人孔位置。

12.5.4　消防水箱通气管管径参见《高位消防贮水箱选用及安装》16S211 第 11 页。

12.5.5　消防水箱不能侧壁出水，无法设置防止旋流器，只能底部出水，参见图集《高位消防贮水箱选用及安装》16S11 第 27 页、第 44 页、第 55 页，多只防止旋流器中心间距不小于

500mm；重力出水管路设置旋启式止回阀，须确保静压水压不小于 5.0kPa，参见《建筑给水排水设计标准》GB 50015—2019 第 3.5.7 条条文 5。

12.5.6 图集《消防给水稳压设备选用与安装》17S205 稳压泵吸水管、出水管管径为 $DN40$，吸水管管中距地面高度见该图集第 14 页为 205＋150（基础高）＝355mm 以及第 23 页为 170＋150（基础高）＝325（mm）；出水汇总管管径 $DN100$ 管中距地面高度见该图集第 14 页为 795＋150（基础高）＝945（mm）；稳压罐进水管管径 $DN50$；稳压泵进、出水管阀门设置见该图集第 23 页。

12.5.7 稳压设备出水总管上设置止回阀，参见图集《消防专用水泵选用及安装（一）》19S204-1 第 137～140 页。

12.5.8 屋顶消防水箱自流出水管与稳压泵吸水管不共用水箱出水管，《〈消防给水及消火栓系统技术规范〉图示》15S909、《消防给水稳压设备选用与安装》17S205 图集及《〈消防给水及消火栓系统技术规范〉GB 50974—2014 实施指南》都是分开的，笔者觉得可以共用水箱出水母管。

12.5.9 室内外消火栓合用水泵组的给水系统，其高位消防水箱的稳压管下行至泵房区域室内外消火栓给水环管。

如果单栋建筑，高位消防水箱可以设置室内外各自稳压管路出水与地上部分室内消火栓给水管网、室外消火栓给水管网连接，参见图集《消防专用水泵选用及安装（一）》19S204-1 第 140 页，而建筑群室内外合用水泵组的给水系统，其泵房区域室内外消火栓给水环管必须连接高位消防水箱下行的稳压管，因为设置高位消防水箱的楼栋消火栓给水引入管上已设置止回阀，高位消防水箱的稳压水不可能流动给其他楼栋稳压，参见《〈消防给水及消火栓系统技术规范〉GB 50974—2014 实施指南》第 171 页图 6-1。

12.5.10 仅设置高位消防水箱时绘制四个剖面，剖面示意图如图 12.5 所示。

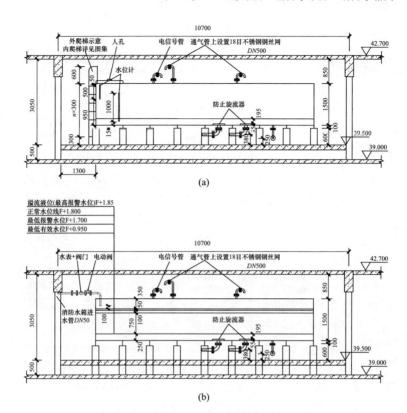

图 12.5　剖面示意图

(a) 1—1 剖面图；(b) 2—2 剖面图进水、出水示意

12.6　消防水泵房水泵组母管吸水管线占用的面积大于水泵组单独直吸占用的面积。

12.7　多组水泵接合器宜采用单管单阀件管路各自连接消防给水环管，也可以单管单阀件管路汇总枝状管路连接消防给水环管，参见图集《民用建筑工程给水排水施工图设计深度图样》09S901 第 46 页、第 47 页。

第 13 章　系统原理图

13.1　通则，图面制图单位毫米计，出图比例 1：100。

楼层线下 800mm 布置水平管线，生活用水管线、消火栓和报警阀前水平管线、污水和废水管线以及通气组合竖向空间绘制间距、立管空间绘制间距为 400mm，水平阀门短管长度 1500mm，给水环管中间连接阀门管段竖向间距为 400mm。

13.2　生活水泵房以及给水系统原理图

13.2.1　两套 2 用 1 备、一套 1 用 1 备变频恒压设备绘制区域为宽 33450mm×净高 7500mm。

13.2.2　裙楼竖向给水立管组间距为 4500mm，建筑群楼栋竖向给水立管组间距为 6000mm；阀门以及水表管段长度控制为 1100mm，可附加支管减压阀。如果竖向立管较少，组间距可按 1500mm 模数放大。

13.2.3　酒店客房给水、热水系统原理图分开绘制，立管间距为 3000mm，楼层出水管段含阀门长度为 1100mm。

13.3　消防水泵房以及消防给水系统原理图

13.3.1　水位控制高度图面尺寸为 2800mm，中间空间方便文字标注；遥控阀、球阀控制小管的控制高度，图面尺寸为 3550mm。

13.3.2　一组水泵组以及稳压设备绘制区域为宽 23400mm×净高 7500mm。

13.3.3　消防水池取水口池顶设置，可以直接在图面上绘制；如池侧设置，也可另附剖面图示。

13.3.4　室内外消火栓给水合用系统局部成环管，左侧为室外消火栓给水，右侧为室内消火栓给水，室外消火栓竖向给水支管水平间距为 1500mm，室内消火栓竖向给水支管水平间距为 1500mm，如果环管服务上、下楼层的室内消火栓，则每 3 只消火栓一组布置（图 13.3-1）。

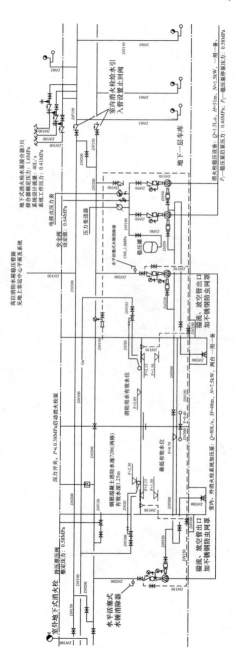

图 13.3-1　消火栓给水

13.3.5 地上消火栓给水立管间距 3000mm，如果立管数量较少，可 1500mm 模数放大。

13.3.6 自动喷水灭火系统每一防火分区的配水水平管段竖向绘制间距为 600mm，方便设置喷头；报警阀组水平间距为 1000mm；每一防火分区的配水管段为一组，组间水平间距为 5000mm，末端试水立管至信号阀中间管段长度为 4000mm；信号阀前连接管段长度为 500mm；每组配水管设置两只喷头，间距 1500mm；第 1 只喷头前至信号阀中间管段长度 1750mm 设置信号阀、水流指示器、减压孔板、泄水阀，第 1 只喷头距泄水管连接处间距 500mm。

13.3.7 楼层末端试水立管至信号阀中间管段长度为 11500mm；信号阀前连接管段长度为 500mm；第 1 只喷头前至信号阀中间管段长度 1750mm 设置信号阀、水流指示器、减压孔板、泄水阀，第 1 只喷头距泄水管连接处间距 500mm，末端试水立管距排水立管间距 600mm。

13.4 高位消防水箱间系统原理图

13.4.1 含稳压设备绘制区域为宽 16500mm × 净高 7000mm（图 13.4-1）。

13.4.2 仅高位消防水箱绘制区域为宽 11000mm × 净高 7000mm（图 13.4-2）。

13.5 排水系统原理图

13.5.1 集水坑每组的间距 7000～10000mm。

13.5.2 排水立管组间距为 3000mm，或按 1500mm 模数放大。

13.5.3 酒店客房每组污水和废水含通气立管组间距为 3000mm，楼层排水支管管段长度为 1100mm。

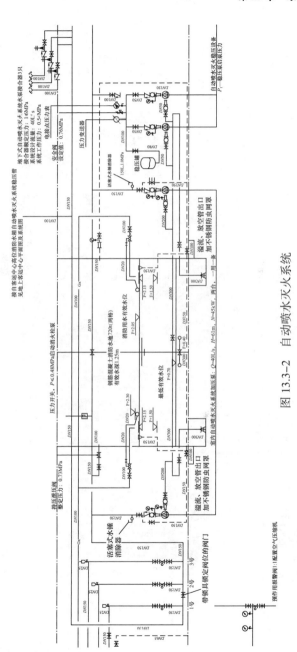

图 13.3-2　自动喷水灭火系统

建筑给水排水设计标准理解与应用

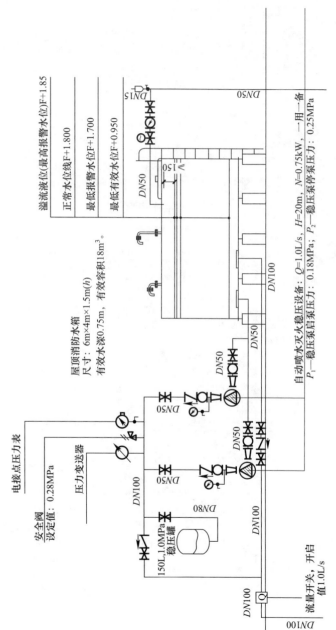

图 13.4-1 含稳压设备的高位消防水箱

128

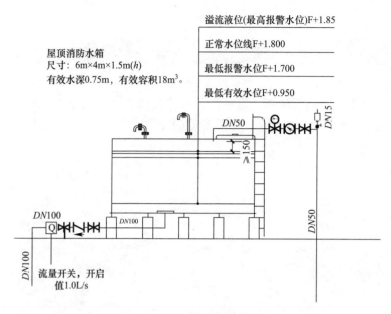

图 13.4-2　高位消防水箱

第14章 气体灭火

无管网的气体灭火系统图面设置到位，提资给电气、暖通专业；泄压口位置及尺寸提资给建筑专业。

第 15 章 灭 火 器

15.1 严重危险级火灾种类 A 类，最大保护距离 15m，场所最小配置基准大于或等于 3A（如 MF/ABC5），以下为严重危险级场所：

15.1.1 建筑面积 2000m^2 及以上的图书馆、展览馆的阅览室、展厅。

15.1.2 一类高层的写字楼、公寓楼，注意含办公、酒店所有区域等。

15.1.3 政府办公楼的会议室。

15.1.4 充电车位区域严重危险级 A 类火灾，见《电动汽车分散充电设施工程技术标准》GB/T 51313—2018。

15.2 强、弱电管井如果面积较小，如不大于 5m^2 可不单独配置灭火器。

15.3 地下车库火灾种类：有争议，审图时可能会给出建议，部分地区地下车库灭火器设置见表 15.3。

地下车库灭火器设置　　　　　　　　　　　表 15.3

上海、浙江	中危险级 A 类，20m
江苏	中危险级 B 类，12m
其他地区	规范未明确

15.4 灭火器保护距离不足容易被提强制性条文，如场所端头处组合消火栓箱，消火栓保护距离够，可能灭火器不一定够。特别是两只组合消火栓箱靠得很近且距离端头尽端很远时，如汽车坡道等。

地下一层非机动车坡道，有多处转折处平台，平面可能无法显示时，灭火器按非机动车坡道图纸布置。

15.5 平面灭火器图例，两具就放置两个图例；两个图例时，备注可不加，在总说明中注明单具型号。

15.6 室外停车场需要布置推车式灭火器。

第 16 章　人防区域设计配合

16.1　战时发电机房、储油间，人防设计单位自己设置小型集水坑。

16.2　地下给水排水平面图反映人防设计单位提资的给水、排水资料，以及室外给水排水平面管线的连接，特别是平战都是人防设计单位设计时更不要遗漏，地下多层时，一般人防区域设置在最底层，上部设计单位需要连接最底层人防区域的给水、压力排水接管。

人防口部洗消废水排水、密闭通道、扩散室、防毒通道兼洗消地漏排水至哪里去目前没有统一的意见，可按室外排水管道情况就近优先选择排至排水沟，然后选择排至雨水检查井，最后选择排至污水检查井。有些地方哪里也不让排，要求消毒后运走。战时干厕是不利用室外排水管网排水的。

如果人防设计单位要求排至室外污水管网，考虑人防口部排水集水坑出水管位太多，需要就近汇总再排至室外污水检查井；如纯地下车库特殊情况，场地没有室外污水管网，可排至室外排水沟或雨水检查井。

16.3　并行的多根管线穿越人防墙时，考虑防护阀门均要求距墙不大于200mm，并行的阀门安装需要空间，管线中心间距最好不小于400mm/450mm。

第17章　室外绿化给水

17.1　室外洒水栓/人工快速取水器和道路雨水主干管道同侧布置，方便开挖，雨水干管连接到道路两侧的雨水口，管顶覆土厚度不小于700mm，景观给水管线覆土可以浅一些，景观给水管在排水管上敷设。

17.2　室外洒水栓/人工快速取水器选用口径为$DN20$（0.4L/s）。

17.3　室外绿化配水支管管径匹配承担的室外洒水栓/人工快速取水器个数，管径$DN25$时，1个；管径大于或等于$DN32$时，2个；管径$DN40$时，3～6个。其他管径$DN50$，配水总干管管径按总日用水量/12小时计。《全国民用建筑工程设计技术措施2009给水排水》第433页绿化灌溉设计总流量是同时开启的单只取水点流量叠加，不同区域灌溉区可能会同时开启，而同一支管上的人工取水器一般不会同时开启。

第18章 室外水景

18.1 水景不锈钢管道设计流速

水景不锈钢管道设计流速见表 18.1。

水景不锈钢管道设计流速 表 18.1

管径（mm）	≤25	32～50	70～100	>100
流速（m/s）	≤1.5	≤2.0	≤2.5	≤3.5

注：摘自《全国民用建筑工程设计技术措施 2009 给水排水》第 344 页。

18.2 池内单台水景专用水泵坑尺寸 1500mm（L）× 600mm（B）×500mm（h，池底下 200mm 深），池外水景专用水泵坑尺寸按调节水量考虑。

18.3 瀑布、水帘流顶槽内布水管开孔孔径与主管管径有关，一般开孔截面积×孔数=主管截面积，孔距=布水管长度/孔数，配水主管开孔斜向下 45°并两端封口（表 18.3）。

布水管管径、长度与开孔孔径、孔距的关系 表 18.3

主管管径（mm）	主管截面面积（m²）	开孔孔径（mm）	开孔截面面积（m²）	孔数	布水管长度（m）	孔距（mm）
50	0.0019635	10	7.854×10⁻⁵	25	1.0	40
80	0.0050265	15	0.0001767	28	2.0	71
100	0.007854	20	0.0003142	25	2.5	100

18.4 跌水与喷泉结合的水景，用跌水量换算单只喷泉的出水量。

第 19 章 海绵城市设计

19.1 第一步

应用 Excel 表格，依据雨量径流系数限定指标，推算透水铺装、下沉式绿地面积，以及 SS 去除率计算（表 19.1）。

应用 Excel 计算数据   表 19.1

下垫层类型	流量径流系数	雨量径流系数	下垫层面积（m²）	总用地面积（m²）	对应年控制率的调蓄容积（m³）	海绵设施	蓄水量（m³）	SS去除率
硬屋面	1	0.8	6899.50	37859	25.3	—	—	—
非透水铺装	0.9	0.8	6141.92	—	—	—	—	—
透水铺装	0.4	0.3	6455.01	—	—	透水铺装	81.66	0.9
绿地	0.25	0.15	18362.57	—	—	下沉式绿地	300.00	0.8
水体	1	1	0	—	—	雨水收集回用池	100	0.9
综合径流系数	0.518	0.399	—	—	382.64	—	—	0.84

注：在场地已有条件限制的情况下，可以通过增加绿化屋面，即对应的减小了硬屋面面积的途径降低径流系数。

19.2 第二步

依据场地可利用的市政雨水接口数量划分排水分区；再在各自的排水分区内，依据场地雨水不能漫越道路等障碍划分汇水分区。

19.3 第三步

利用 Pline 绘制并得到各汇水分区内各下垫面的面积。

19.4　第四步

应用 Excel 表格计算各排水分区总调蓄容积、各汇水分区调蓄容积以及下沉式绿地设施面积（表 19.4）；设置雨水收集回用池的排水区域，需要扣除。

应用 Excel 计算各排水分区数据　　　　　　表 19.4

排水分区三	18086.26			
下垫层类型	雨量径流系数	下垫层面积（m²）	调蓄容积（m³）	扣除回用池后的调蓄容积（m³）
硬屋面	0.8	3723.18	75.06	—
非透水铺装	0.8	4451.64	89.75	—
透水铺装	0.3	2161.9	16.34	—
覆土小于500mm的绿地	0.3	0	0	—
绿地	0.15	7663.87	28.97	—
水体	1	85.68	2.16	—
下沉广场	—	—	0.00	—
综合雨量径流系数	0.47	18086.27	—	—
总调蓄容积（m³）	—	—	212.28	112.28
蓄水深度（mm）	—	—	0.15	0.15
调配设施面积（m²）	—	—	1415.18	748.51
汇水分区1	2661.95			
下垫层类型	雨量径流系数	下垫层面积（m²）	调蓄容积（m³）	—
硬屋面	0.8	665.33	13.41	—
非透水铺装	0.8	803.12	16.19	—
透水铺装	0.3	95.8	0.72	—
覆土小于500mm的绿地	0.3	0	0	—
绿地	0.15	1054.86	3.99	—
水体	1	42.84	1.08	—

续表

汇水分区1	2661.95	—	—	—
下垫层类型	雨量径流系数	下垫层面积（m²）	调蓄容积（m³）	—
下沉广场	—	—	0	—
综合雨量径流系数	0.53	2661.95	—	—
总调蓄容积（m³）	—	—	35.40	—
蓄水深度（mm）	—	—	0.15	按占比分配
调配设施面积（m²）	—	—	235.97	124.81

19.5　第五步

应用 Excel 表格，依据重现期、各汇水分区面积、流量径流系数计算雨水设计秒流量，按单只溢流口的出流量推算溢流口数量，确保总的溢流口流量为汇水分区设计重现期计算流量的 1.5～3.0 倍（表 19.5）。

应用 Excel 计算重现期等数据　　表 19.5

排水分区二	11576.42m²		
下垫面类型	流量径流系数	下垫面面积（m²）	流量（L/s）
硬屋面	1	1824.57	60.90
非透水铺装	0.9	1449.27	43.54
透水铺装	0.4	778.01	10.39
覆土小于500mm的绿地	0.4	0	0.00
绿地	0.25	7528.81	62.83
水体	1	0	0
下沉广场	—	—	0
综合流量径流系数	0.46	11580.66	—
总流量（L/s）			177.66
溢流口个数			27.00
安全倍数			3.04

续表

汇水分区 1	796.77		
下垫面类型	流量径流系数	下垫面面积（m²）	流量（L/s）
硬屋面	1	370.93	12.38
非透水铺装	0.9	104.15	3.13
透水铺装	0.4	26.29	0.35
覆土小于 500mm 的绿地	0.4	0	0.00
绿地	0.25	295.4	2.47
水体	1	0	0
下沉广场	—	—	0
综合流量径流系数	0.69	796.77	—
总流量（L/s）	—	—	18.33
溢流口个数	—	—	3.00
安全倍数	—	—	3.27

19.6　第六步

依据汇水分区溢流口数量、场地汇流路径距离分散设置下沉式绿地，分散下沉式绿地总面积大于或等于第四步表格内调配设施面积。

19.7　第七步

依据下沉式绿地，进行场地竖向梳理，确保场地雨水能自流汇入。